레오나르도 다 빈치가 들려주는 양력 이야기

레오나르도 다 빈치가 들려주는 양력 이야기

ⓒ 송은영, 2010

초 판 1쇄 발행일 | 2005년 5월 30일
개정판 1쇄 발행일 | 2010년 9월 1일
개정판 14쇄 발행일 | 2021년 5월 28일

지은이 | 송은영
펴낸이 | 정은영
펴낸곳 | (주)자음과모음

출판등록 | 2001년 11월 28일 제2001-000259호
주   소 | 04047 서울시 마포구 양화로6길 49
전   화 | 편집부 (02)324-2347, 경영지원부 (02)325-6047
팩   스 | 편집부 (02)324-2348, 경영지원부 (02)2648-1311
e-mail | jamoteen@jamobook.com

ISBN 978-89-544-2019-8 (44400)

레오나르도 다 빈치가 들려주는
양력 이야기

| 송은영 지음 |

낙고 싶다!!

|주|자음과모음

레오나르도 다 빈치를 꿈꾸는
청소년들을 위한 '양력' 이야기

세상에는 두 부류의 천재가 있다고 합니다.

한 부류는 창의적인 사고가 너무도 기발하고 독창적이어서, 우리와 같은 평범한 사람들은 결코 따라갈 수 없는 천재입니다. 그리고 또 한 부류는 우리도 끊임없이 노력만 한다면 그와 같이 될 수 있을 것 같은 천재입니다.

앞의 예로는 아인슈타인이 대표적입니다. 아인슈타인은 한 세기에 한 명 나올까 말까 한 천재적인 두뇌를 지니고 있는 사람으로, 인류 문명에 새로운 물꼬를 터 주었지요. 그러면 우리도 될 수 있을 것 같은 천재들이 그 뒤를 이어서, 인류 문명에 새로운 활력을 왕성하게 넣어 줍니다.

빛나는 창의적 사고와 직접적인 연관이 있는 것은 '생각하는 힘'입니다. 생각하는 힘 없이 풍성한 발전을 기대할 수는 없지요. 인류가 오늘날 이만큼의 문명을 이룰 수 있었던 것은 모두 다른 동물과 분명히 차별되는 생각하는 힘을 유감없이 발휘했기 때문입니다. 그래서 생각하는 힘은 아무리 칭찬을 해도 지나치지 않지요.

이런 취지에 따라 저는 창의적인 사고를 키울 수 있는 방향으로 이 책을 썼습니다.

이 책에서는 양력에 대해서 설명하고 있습니다. 글을 읽어 나가면 양력에 대한 설명과 더불어 인류가 양력을 이끌어 내고 응용한 근거를 이해하게 되지요. 그러면서 창의적인 생각의 중요성을 느끼게 됩니다.

늘 빚진 마음이 들도록 한결같이 저를 지켜봐 주는 여러분과 이 책이 나오는 소중한 기쁨을 함께 나누고 싶습니다. 끝으로 책을 예쁘게 만들어 준 (주)자음과모음 식구들에게 감사의 마음을 전합니다.

송은영

차례

1

나는 걸 **꿈**으로만
간직해야 했던 **시절**

날개가 없는 인간이 하늘을 날 수 있을까요?
깃털 없이도 하늘을 날 수 있는 방법을 알아봅시다.

1

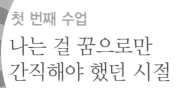

나는 걸 꿈으로만
간직해야 했던 시절

레오나르도 다 빈치가
창밖으로 하늘을 보며
첫 번째 수업을 시작했다.

동경

　푸르른 창공을 터전 삼아 새들이 하늘을 훨훨 나는 모습을
사람들은 무척이나 부럽게 바라보았어요. 새들의 비행은 호
기심의 차원을 넘어 분명 이득이 많은 것처럼 보였으니까요.
강을 건너고 산을 넘는 경우가 그 좋은 예이지요. 사람이 강
을 건너는 건 쉬운 일이 아니지요. 하물며 배조차 없다면,
거기에 깊고 물살까지 빠르다면요? 강 건너는 건 포기할 수
밖에 없는 일이지요. 그런 데다가 엎친 데 덮친 격으로 맹수

들이 맹렬히 쫓아오고 있다면요.

새들이 생각나지 않을 수가 없겠지요?

새들은 날갯짓 몇 번만으로 간단히 강을 건널 수가 있으니까요. 산도 마찬가지예요. 사람이 산을 넘는 것은 무척 힘겨운 일이지요. 거기에다 갑자기 폭우라도 쏟아지면 이만저만 낭패가 아닐 수 없지요. 계곡을 피하고, 뚝 떨어진 기온을 이겨 내야 하니까요.

어디 이뿐인가요? 예기치 않은 산사태나 눈사태라도 만나면 십중팔구 목숨을 잃게 되지요. 하지만 새들은 이러한 산을 가뿐히 넘는답니다. 이러니 사람들이 새들을 부러운 눈으로 바라보지 않을 수 있겠어요?

이카로스 신화

　비행의 꿈은 참으로 오랜 역사를 지니고 있지요. 그러나 우아한 날갯짓으로 하늘을 멋지게 날고 싶어 하는 인간의 소망은 그리 쉽게 이루어지지 않았습니다. 인간의 날고자 하는 꿈이 얼마나 강렬했으며, 또 그걸 이루는 일이 얼마나 어려웠는지는 이카로스 신화에 잘 나타나 있습니다.

　다이달로스는 재능이 뛰어난 사람이었지요. 그러나 그의 조카가 나무를 자르는 톱을 발명하여 유명해지자, 그것을 시기하고 질투하여 조카를 신전에서 밀어뜨려 죽였습니다. 이 일로 그는 아들 이카로스와 함께 크레타 섬으로 쫓겨났고, 그곳에서도 죄를 지어서 감옥에 갇히게 되었습니다.

다이달로스와 이카로스는 감옥을 빠져나올 궁리를 했지요.
그들은 새털을 하나둘씩 모아 밀랍으로 붙여서 날개를 만들
었습니다. 그러고는 그걸 몸에 달았습니다. 날갯짓으로 날아
오르기 위해서였지요.

그러나 그들의 비행은 아버지만 성공하고, 아들은 실패로
끝났습니다. 너무 높이 날아오르지 말라는 아버지의 충고를
듣지 않고, 이카로스가 태양 쪽으로 가까이 가는 바람에 밀
랍이 녹으면서 새털이 떨어졌기 때문입니다.

하늘을 나는 것이 그냥 날개만 단다고 해서 되는 일이 아니
란 걸, 이카로스 신화는 분명히 말해 주고 있습니다.

토대를 마련해 준 레오나르도 다 빈치

새는 실로 오랜 세월 동안 하늘의 주인이었습니다. 그 터줏대감 자리는 영원히 빼앗기지 않으리라 여겨졌지요.

그런데 인간이 나타난 것입니다. 사람은 새와 함께 하늘의 공동 주인이 되길 바랐습니다. 아니, 새를 뛰어넘는 하늘의 새로운 터줏대감이 되길 원했습니다. 그래서 꿈을 무럭무럭 키웠지요. 날아야겠다는 꿈을 말이지요.

팔을 세게 휘저어 보기도 하고, 새털을 모아다가 날개를 만들어서 힘차게 펄럭여 보기도 했습니다. 날개를 달고 산등성

이나 절벽에서 뛰어내려 보기도 했습니다. 그러나 애처로워 보이기까지 한 이러한 모든 노력은 안타깝게도 모두 실패로 끝나고 말았지요.

이렇게 비행을 위한 많은 노력이 물거품이 되어 버리자, 사람들의 생각이 점차 부정적으로 변하기 시작했습니다.

'인간이 새처럼 하늘을 나는 건 불가능해.'

그런데 15세기에 들어서 상황은 바뀌기 시작했지요. 인간의 비행이 가능할 수도 있다는 자신감을 심어 준 과학자가 나타난 것입니다. 그는 르네상스를 대표하는 천재적인 과학자 레오나르도 다 빈치, 바로 나였습니다.

많은 사람들이 나를 두고, 〈최후의 만찬〉과 〈모나리자〉를 그린 위대한 화가로만 알고 있지요? 그러나 나는 미술뿐 아니라, 여러 분야에서 천재적인 업적을 두루 남겼답니다. 자전거, 기관총, 탱크, 펌프 등 내가 내놓은 상상의 아이디어는 끝이 없지요.

나는 비행하는 새들을 그냥 멀뚱히 바라보지만은 않았어요. 날개를 펄럭이며 푸른 하늘로 날아오르는 동작 하나하나를 유심히 관찰했지요.

이뿐이 아닙니다. 새가 나는 원리를 속속들이 파악하기 위해서 새를 해부해 보기까지 했지요. 날개를 구성하는 뼈들이 어떻게 연결돼 있고, 근육이 어떻게 이어져 있는가를 일일이 만져 보고 들춰 보며 그 모두를 세세히 공책에 기록했지요.

그런 다음에는 새가 뜨는 힘과, 새가 비행하면서 공기와 부딪치는 힘을 연구하고, 비행기를 설계했습니다. 비행에 대한 나의 연구가 비행기와 헬리콥터를 만드는 튼튼한 밑거름이 되었음은 누구도 부인하지 못하지요.

이후에도 하늘을 날아 보려는 인간의 열망은 식지 않고 계속 이어졌습니다. 그러나 안타깝게도 한참 동안이나 별다른 성과를 거두지 못했어요.

꿈이 강하다는 건 그만큼 이루기가 쉽지 않다는 뜻이지요. 그러니만큼 허무맹랑한 공상으로는 어려운 꿈을 이루기가 더욱 어려울 테지요. 그래서 체계적이고 합리적인 생각이 절

실히 뒷받침되어야 하는 것입니다.

하지만 인류는 오랫동안 그렇게 해 오지 않았어요. 아니, 대개의 사람들은 그런 뜻조차 품으려고 하지 않았어요. 새와 달리 날개가 없는 인간은 결코 날 수 없을 것이라고 지레짐작 해 버리고는 아예 비행에 대한 꿈을 포기해 버렸지요. 날개 가 없으면 어떤 날개가 비행에 적합한지를 생각하고, 어떤 방식으로 날개를 달아야 효율적인지를 거듭 고민했어야 했 는데도 말입니다.

하지만 그렇다고 인류가 비행에 대한 꿈을 완전히 접은 것 은 아닙니다. 비행에 대한 인류의 꿈이 이루어지려면 좀 더 시간이 필요했을 뿐이지요.

꿈은 반드시 이루어집니다!

우··· 눈사태!! 큰일이다. 저 방향이면 마을이 위험한데 어쩌지? 아무리 빨리 뛰어도 늦을 텐데···.

앗, 뭐지? 날고 있어. 내가 날고 있어.

좋아! 이대로 마을까지 날아가자. 이렇게 나니까 산도 금방 넘을 수 있네.

우아! 저 숲은 늑대들 때문에 매번 돌아가야만 했었는데, 저렇게 생겼었구나.

후후, 이 강도 그냥 이렇게 넘을 수···. 앗! 뭐, 뭐야?

으아악~~

휴~ 꿈이었잖아! 꿈처럼 진짜 날 수 있다면 정말 편하고 신나는 일이 많을 텐데.

2

날개를 이용하는 글라이더

하늘을 난 최초의 사람은 누구였을까요?
하늘을 나는 것을 머릿속으로 떠올리는 사고 실험을 해 봅시다.

2

날개를 이용하는
글라이더

레오나르도 다 빈치가 날개를 이용한
최초의 비행에 관한 이야기로
두 번째 수업을 시작했다.

글라이더의 탄생

인류가 꿈꿔 온 진정한 비행은 새처럼 자연스럽게 훨훨 나는 것이지요. 새가 나는 것과 같은 비행을 하려면 우선 날개가 있어야 합니다. 날개를 이용한 비행, 이 꿈을 이루기 위해서 처음 만든 항공기가 글라이더였지요.

대다수 사람들은 공기보다 무거운 물체는 날아오를 수 없다고 믿었어요. 공기보다 무거운 물체는 부력을 얻어서 뜰 수가 없기 때문이지요. 그래서 생각해 낸 것이 날개를 단 글

라이더였습니다.

   글라이더에 대한 본격적인 연구는 19세기 초, 영국의 케일리(Geonge Cayley, 1773~1857)가 비행에 대한 책을 출판하고부터 시작되었습니다. 케일리는 1849년에 3층 날개 글라이더를 만들어서 시험 비행을 하기도 하였지요.

   그러나 누가 뭐래도 글라이더에 대한 본격적인 연구로 비행의 역사를 연 사람은 독일의 릴리엔탈 형제입니다. 비행에 대한 그들의 탐구열은 실로 대단했습니다. 형 오토 릴리엔탈(Otto Lilliental, 1848~1981)은 이미 10대 초반에 직접 만든 날개를 이용해서 비행 실험을 시작했을 정도니까요.

   릴리엔탈 형제가 어린 시절 새의 비행을 관찰한 이야기는 유명하답니다. 그들은 시간이 나면 언덕에 앉아서 새가 나는

모습을 유심히 바라보곤 했지요. 새가 이륙하는 장면, 공중
에서 비행하는 동작 하나하나를 빼놓지 않고 관찰했습니다.
그러면서 눈에 띄는 현상을 발견했지요.

'새는 항상 날개를 퍼덕이면서 나는 게 아니었어!'

릴리엔탈 형제의 관찰은 정확했습니다. 새들은 매번 날갯
짓을 하면서 나는 게 아니었던 것이지요.

'날개를 편 자세를 유지하는 것만으로도 새들은 멋지게 비
행을 해내고 있어! 새들이 수시로 날개를 퍼덕이지 않는데도
땅으로 곤두박질하지 않는 건, 공기의 흐름을 적절하게 이용
하기 때문이야. 좌우 양쪽에 날개를 단 비행체를 만드는 거
야. 그런 다음 공기의 흐름을 적절히 이용해서 날아오르면
비행이 불가능한 건 아닐 거야.'

릴리엔탈 형제는 설계도를 꼼꼼히 그려서 글라이더를 만들고 직접 시험 비행을 해 보았습니다. 그리고 성공에 효과적이었던 요인과 실패했을 때 부족한 사항을 공책에 세세히 기록했지요. 이러한 기록은 다음번에 좀 더 나은 글라이더를 제작하는 데 더할 나위 없이 훌륭하고 충실한 자료가 되어 주었습니다.

릴리엔탈 형제는 1891년 첫 번째 비행을 성공한 이후에 무려 2,000여 회가 넘는 비행을 성공했습니다. 실로 대단한 기록이 아닐 수 없지요.

그 이전까지 이렇게 많은 비행에 성공한 사람은 없었습니다. 글라이더 비행에 대한 릴리엔탈 형제의 도전은 수십 년 동안 한 걸음씩 차근차근 밟으며 옹골차게 이어간 열정적인 여정이었습니다.

글라이더와 사고 실험 1

글라이더는 기구나 비행선처럼 공
기를 넣는 주머니가 없습니다. 그
래서 수소나 헬륨 같은 가벼운
기체를 넣는다거나, 모래주머
니를 떨어뜨려서 무게를 줄이는
방식으로는 비행을 할 수가 없답니
다. 더구나 글라이더는 엔진이 없어서
비행선처럼 움직이는 것도 가능하지 않
지요.

그렇다면 어떻게 해서 글라이더를 띄운다는 걸까요?

언뜻 보기에도 만만치 않은 문제처럼 보이네요. 그러나 우
리에게는 사고 실험이라는 믿는 구석이 있으니까 결코 두려
워하지는 마세요. 사고 실험은 쉽게 말해서, 머릿속에서 하
는 생각 실험이라고 보면 돼요.

세계에서 가장 똑똑한 과학자가 누구냐고 물어보았을 때,
대부분 아인슈타인을 꼽는 데 주저하지 않을 겁니다. 그만큼
아인슈타인은 위대한 천재 물리학자이지요. 그런 아인슈타
인이 즐겨 사용한 방법이 바로 사고 실험이라는 겁니다. 아인

슈타인은 사고 실험을 유감없이 사용해서 그 유명한 특수 상대성 이론과 일반 상대성 이론을 만들어 내었지요.

사고 실험은 창의성이 풍부한 사람으로 만들어 주는 기가 막힌 생각의 요술입니다. 사고 실험을 잘하면, 여러분들도 아인슈타인처럼 대대로 빛나는 발견과 발명을 거뜬히 해낼 수가 있어요. 사고 실험은 그만큼 의미 있는 것이에요.

자, 나도 머릿속으로 사고 실험을 할 테니까, 여러분들도 각자의 머릿속에서 사고 실험을 충실히 해 보도록 하세요.

내가 사고 실험하는 걸 아래에 적어 놓을게요. 그러나 내가 사고 실험을 한 것과 항상 똑같은 사고 실험을 해야 할 필요는 절대로 없어요. 중요한 건 생각을 한다는 것이고 거기에서 얼마나 멋진 결과를 이끌어 낼 수 있느냐는 것이에요. 내가 한 사고 실험과 큰 흐름만 비슷하다면 여러분은 나와 같은 사고 실험을 한 거나 마찬가지인 거예요.

아참, 그리고 한 가지 덧붙이고 싶은 말이 있어요. 사고 실험이란 게, 내가 머릿속에서 생각하는 것이잖아요. 그러니 설명하듯이 말을 이어 붙일 필요는 없어요.

그런데 나는 사고 실험을 적으면서 설명하듯이 풀어낼 거예요. 이것은 여러분이 좀 더 친근하게 사고 실험에 다가설 수 있도록 하기 위해서예요.

글라이더와 사고 실험 2

무에서 유를 창조하는 것 같은 두뇌 게임이 시작되는군요. 자, 그럼 이제 우리 사고 실험으로 함께 떠나 볼까요.

떠오르려면 부력을 이용하거나 힘이 있어야 해요.

그러나 글라이더는 부력을 얻을 수도 없고 스스로 힘을 낼 수도 없어요.

기구처럼 공기를 채워 넣는 공간이 있는 것도 아니고

비행선처럼 엔진이 있는 것도 아니기 때문이에요.

하지만 꼭 날아오르고는 싶어요.

그러니 어쩌겠어요.

글라이더 자체로는 그럴 힘이 전혀 보이지 않으니

외부에서 힘을 빌려 오는 수밖에 없어요.

공중으로 날아오를 수 있는 힘을 말이에요.

꼭 보물찾기를 하는 것 같지 않은가요? 숨겨 놓은 보물을 금방 찾아내려면 주위를 잘 살펴야 해요. 여러분 주위를 한 번 유심히 눈여겨보세요. 끝났나요? 그럼, 우리 모두 사고 실험을 다시 이어갈까요.

주위를 다들 잘 살폈을 테지요?

자, 우리 주위에 가장 흔하게 있는 것이 무엇이지요?

그래요, 공기예요.

어디를 가도 공기는 도처에 깔려 있어요.

글라이더 주위도 마찬가지예요.

글라이더의 전후 상하좌우 어느 한 곳 부족함 없이 공기가 곁을 지키고 있어요.

이런 공기를 우리는 너무도 홀대하고 있어요.

그 고마움을 깨닫지 못하면서 말이에요.

그러나 지금 우리는 이 공기의 도움을 절실히 필요로 하는 시점이
되었어요.

글라이더가 날아오르는 데 공기를 이용하려고 하거든요.

공기를 충분히 이용하려면 글라이더의 둥근 몸체만으로는 힘들어요.

"아, 이게 뭐야. 똥이잖아. 어느 놈이 내 이마에 똥 싸고 달
아난 거야! 당장 이리 나와!"

아니, 새가 미영이 머리에 똥을 싸고 갔군요. 부지불식간에
똥을 싸고 날아가 버린 새가 야속하지만 우리는 지금 새가 절
실한 시점이지요.

사고 실험을 이어가요.

새를 생각해 보아요.

새가 몸통으로만 이루어져 있나요?

아니죠. 새 몸통 양쪽에는 날개가 달려 있어요.

힘껏 저어 주는 날개가 말이에요.

이와 마찬가지예요.

그래서 글라이더의 몸체 옆에도 기다란 걸 붙여 주어야만 하는 거예요.

물론, 몸통의 양쪽 모두에 말이지요.

몸통 양쪽에 붙인 기다란 걸 우리는 글라이더의 날개라고

부르면 될 거예요.

그런데 글라이더와 새의 날개는 사뭇 달라요.

새의 날개는 자유롭게 위아래로 퍼덕일 수 있지만

글라이더의 날개는 그렇지 못해요.

자유롭게 퍼덕일 수 있는 날개가 아니지요.

새는 위아래로 날개를 퍼덕이며 공기의 힘을 빌려서

나는 데 도움을 얻지요.

그러니 글라이더의 날개도 새처럼 퍼덕퍼덕 날개를 움직일 수 있어야만

주변 공기를 교란시켜 힘을 얻을 수가 있을 거예요.

그런데 글라이더의 양 날개는 몸통에 흔들림 없이 꼭 붙어 있으니,

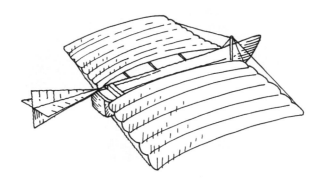

그럴 수가 없어요.

이거 참 낭패가 아닐 수 없어요.

아, 나는 걸 포기해야 하나요?

아니에요. 그럴 필요가 없어요.

결론은 글라이더 주변의 공기를 움직이도록 하면 되는 거잖아요.

그러니 날개를 움직여 공기를 그러모으지 못한다면 달리면 될 거예요.

글라이더가 빠르게 달리면, 공기가 글라이더 좌우 날개로 다가와서

절로 부딪쳐 줄 테니까요.

그래요, 힘껏 달리는 거예요.

글라이더 양쪽 날개에 부딪힌 공기가 글라이더를 번쩍 들어 올려

주고 있어요.

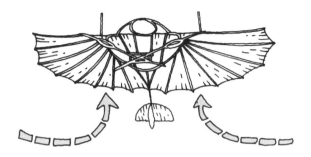

그래요. 힘차게 내달리는 거예요. 글라이더가 그렇게 힘차게 내달리면, 글라이더 날개로 다가와서 부딪힌 공기가 날개에 뜨는 힘을 만들어 주지요. 그래서 글라이더는 자연스레 떠오르게 되지요.

공기가 날개를 들어 올려 주는 힘을 양력이라고 한다.

글라이더가 하늘로 날아오르려고 할 때, 자동차나 비행기의 뒤꽁무니에 매달려서 달리는 게 다 이런 이유 때문이랍니다. 그리고 글라이더가 자동차나 비행기의 도움을 받지 못하거나 그럴 수 있는 상황이 아니라면, 높은 구릉지 같은 곳에서 힘차게 내달리면서 허공으로 훌쩍 뛰어내리지요. 그게 다 상공을 감싸고 있는 바람의 힘을 충분히 이용해서 날아오르려는 시도이지요.

글라이더를 넘어서

글라이더는 양력을 받아서 날아오르지요. 그러나 그뿐입니다. 글라이더가 하늘로 날아오른 후에 상공에서 나는 데 도움을 줄 수 있는 것이라곤 공기가 날개를 떠받쳐 주는 양력 외에는 없지요.

이건 심각한 문제랍니다. 하늘에서 비행을 하려면 바람의 영향을 최소화해 줄 수 있는 장치가 있어야 해요. 비행 안전 장치가 있어야 한단 말이지요. 그런데 글라이더는 그런 게 없어요. 그렇다 보니, 바람이 약간만 불어도 휘청거리다가 땅바닥으로 곤두박질치기 일쑤지요.

이러한 아쉬움은 글라이더의 비행 역사에 고스란히 담겨 있습니다. 영국의 항공학자 케일리와 독일의 릴리엔탈 형제를 거치면서 수많은 사람들이 인류의 오랜 숙원인 멋진 비행의 꿈을 이루기 위해서 여러 종류의 글라이더로 용기 있는 비행을 수없이 시도했지요.

그러나 한두 번이라도 새가 나는 것과 같은 유연하고 안전한 비행을 한 사람은 가뭄에 콩 나는 정도였지요. 아니, 한 번도 없었다고 하는 게 맞는 말일 거예요.

글라이더를 타고 상공으로 날아오르려고 시도한 사람들의

대부분은 글라이더와 함께 추락해서 뼈가 부러지는 부상을 당하는 게 보통이었지요. 그리고 심하면 목숨을 잃는 일도 적지 않게 발생하였답니다.

글라이더의 황제라고 불리는 릴리엔탈 형제도 이런 비참한 최후에서는 예외가 아니었습니다. 오토 릴리엔탈은 1896년 글라이더 비행을 하던 중 예상치 못한 매서운 바람을 만나서 추락한 이튿날 사망하였답니다. 이처럼 글라이더를 타고 하늘을 날겠다는 시도는 목숨을 내놓고 하는 것이나 마찬가지였지요.

그러니 불안해서 글라이더로 마음 놓고 편하게 비행을 할 수가 있었겠어요. 바람이 적당하게 불어 주는 날에만 조심조심하며 겨우 비행을 할 수 있으니, 그걸 만족스러운 비행이라고 할 수는 없겠지요.

바람이 불지 않아도, 바람이 불더라도 웬만한 정도는 이겨 내면서 비행을 할 수 있어야 제대로 된 비행일 겁니다.

이런 점에서 글라이더는 멋진 비행에 대한 인류의 꿈을 실현해 주기에는 아직은 부족한 항공기였지요.

글라이더의 이러한 단점을 극복하려면 양력 이외의 또 다른 힘을 추가해야 합니다. 웬만한 바람에는 조금도 휘둘리지 않고 공기 속을 헤치고 나아갈 수 있는 힘(동력)이 절실히 필요했지요.

이러한 힘을 얻기 위해서 필요한 것이 엔진과 프로펠러였습니다.

그래서 몸체를 가볍고 튼튼한 물체로 바꾸고, 강력한 엔진과 여러 개의 프로펠러를 단 비행기가 비행에 대한 꿈을 실현해 줄 다음 주자로 선택된 거예요. 그 역사적인 첫 삽을 뜬 것은 라이트 형제의 플라이어 호였지요.

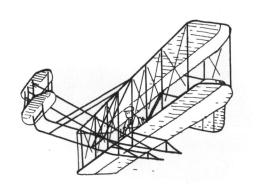

1850년대 독일

형! 이제 그만 가자. 벌써 해가 지려고 하잖아.

가만 있어봐. 이렇게 가까이서 매를 볼 기회가 많은 줄 알아?

쳇! 아침부터 아무것도 못 먹고 하루 종일 이게 뭐야? 내일 또 오면 되잖아.

저것 봐. 이상한 걸 발견했어.

이상한 거?

그래. 저렇게 날갯짓을 하지 않고 그냥 날개를 편 자세만 유지해도 멋지게 비행을 하고 있잖아.

날개를 퍼덕이지 않는데도 땅으로 곤두박질치지 않는 건, 공기의 흐름을 적절하게 이용하기 때문일 거야. 우리 양쪽에 날개를 단 비행체를 만들어 보자. 그리고 공기의 흐름을 적절히 이용해서 날아오르면 비행이 불가능한 건 아닐 거야.

릴리엔탈 형제는 설계도를 꼼꼼히 그려서 글라이더를 만들고 직접 시험 비행을 해 보았습니다. 그리고 실패했을 때와 성공했을 때의 상황을 공책에 세세히 기록했지요.

이러한 기록은 다음번에 좀 더 나은 글라이더를 제작하는 데 더할 나위 없이 훌륭하고 충실한 자료가 되었습니다.

라이트 형제와 **플라이어 호,**
그리고 **비행기** 엔진

라이트 형제는 어떻게 하늘을 날 수 있었을까요?
하늘을 날게 하는 엔진의 원리를 알아봅시다.

3

세 번째 수업

라이트 형제와
플라이어 호
그리고 비행기 엔진

레오나르도 다 빈치가
해안가 사진을 보여 주며
세 번째 수업을 시작했다.

플라이어 호의 성공

여기는 미국 노스캐롤라이나 주 키티호크 해안의 킬데빌 언덕이에요. 이곳을 알고 있다고요? 여러분의 상식이 이 정도인 줄은 몰랐어요. 정말 놀랐는걸요.

1903년 12월 17일, 그 역사적인 사건이 떠오르네요.

1896년 신문을 읽고 있던 미국의 윌버 라이트(Wilber Wright, 1867~1912)는 한 기사에 눈이 번쩍 뜨였습니다.

'글라이더의 황제 오토 릴리엔탈 사망!'

라이트 형제에게 오토 릴리엔탈은 우상이었습니다. 그런데 그러한 인물이 세상을 떠났으니 실로 크나큰 충격이 아닐 수 없었지요. 하지만 그들은 오토 릴리엔탈이 죽으면서 남긴 한마디를 마음속에 되새겼습니다.

"희생은 항상 있게 마련이다."

라이트 형제는 다짐했지요.

"그래, 발명에는 실패가 뒤따르게 마련이야. 어떠한 난관이 있더라도 좌절하지 않고, 반드시 꿈을 이루고야 말겠어!"

라이트 형제는 하늘을 나는 기계에 관한 자료를 모으며 비행기 제작에 본격적으로 뛰어들었습니다. 어릴 적부터 올곧게 꾸어 온 꿈을 이루기 위한 도전을 마침내 시작한 것이지요. 글라이더를 사용한 시험 비행, 연을 이용한 바람의 흐름

랭글리

라이트 형제

파악, 공기가 항공기에 와 닿았을 때의 변화 등을 꼼꼼히 분석하고 수정하는 작업을 수없이 반복하였습니다.

비행기를 제작하는 데 드는 비용과 장비는 그들이 꾸려 나가고 있던 자전거 사업을 통해서 튼실하게 뒷받침되었습니다.

그런데 그 무렵 비행기 발명에 뛰어든 명망 있는 또 한 명의 인물이 있었으니, 랭글리(Samuel Langley, 1834~1906)라는 학자였습니다.

랭글리는 물리학 교수이자 권위 있는 학술 기관인 스미스소니언 협회장을 맡을 정도로 유명한 사람이었습니다. 고등학교를 중퇴하고 자전거 사업을 하던 라이트 형제와는 비교가 안 되는 화려한 경력의 소유자였지요.

1896년 랭글리는 조종사를 태우지 않고 비행기를 띄우는 시험 비행에 성공했습니다. 1분 30여 초 동안 1km 가까운

거리를 날았지요. 랭글리가 동력을 얻기 위해서 비행기에 사용한 엔진은 증기 기관이었습니다.

랭글리는 이러한 업적을 높이 인정받아서 미국의 군대와 스미스소니언 협회로부터 적지 않은 연구비를 지원받으면서 더욱 성능이 뛰어난 비행기를 제작했습니다. 확률이 높다고는 예상하지 않았지만, 그래서 대다수의 미국인은 만약 비행기로 하늘을 나는 데 성공한다면 그것은 분명 랭글리의 비행기일 것이라고 믿었습니다.

그러나 그러한 일말의 가능성마저 완전히 빗나가 버리고 말았습니다. 막상 사람을 태우고 비행 실험을 시작하자 랭글리의 비행기는 출발하자마자 곤두박질치듯 강으로 추락하고 말았던 겁니다. 그리고 2개월 후 다시 한 시험 비행에서도 앞과 다르지 않은 참담한 결과가 나왔습니다.

이 사건 이후 미국인들은 공기보다 무거운 물체를 타고 하늘을 난다는 것이 얼마나 어려운 일인가를 이렇게 표현했습니다.

"100만 년이나 1000만 년 후쯤에는, 인간의 날고자 하는 욕망이 실현 가능할 수 있을지도 모르겠다."

이대로라면 인간이 비행기로 하늘을 난다는 것은 그야말로 꿈에서나 가능한 일일 뿐이었던 것이지요.

그런데 라이트 형제가 나타난 것입니다.

1903년 12월 17일, 미국 노스캐롤라이나 주 키티호크 해안의 킬데빌 언덕에는 라이트 형제와 그들이 손수 제작한 플라이어 호, 그리고 그날의 역사적인 장면을 사진으로 찍고 감동을 함께 나눌 동네 사람 몇몇이 모였습니다.

동생인 오빌 라이트(Orville Wright, 1871~1948)가 먼저 비행을 했습니다. 그는 플라이어 호를 타고 12초 동안 36m를 날았습니다. 그리고 다음으로 형 윌버 라이트가 플라이어 호를 조종했습니다. 그는 동생보다 오랜 시간 동안 더 많은 거리를 날았습니다. 59초 동안 260여 m를 비행하는 데 성공한 것이지요.

이렇게 해서 날개와 엔진과 프로펠러를 달아, 가고 싶은 방

향으로 원활하게 조종할 수 있는 현대식 비행의 첫 장이 활짝
열리게 되었습니다.

비행기 엔진

라이트 형제가 비행에 성공한 이후, 비행기의 성능은 하루
가 다르게 향상되었지요. 그 바탕에는 엔진이 있었지요.

그래요, 엔진 없는 비행기는 생각할 수가 없어요. 그만큼
비행기에서 엔진이 차지하는 비중은 막중하지요.

라이트 형제의 플라이어 호가 비행에 성공한 것도 그 이전
에 주로 사용한 엔진보다 강력한 가솔린 엔진을 사용한 덕택
이었어요. 가솔린 엔진이 나타나기 전에 가장 많이 사용한

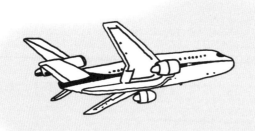

엔진은 증기 기관이었어요. 물을 끓여서 나오는 수증기의 힘을 빌려서 힘을 내는 장치이지요.

당연히 그 전에도 증기 기관 엔진을 사용해서 비행기를 띄우려고 했던 사람들이 있었지요.

1890년 프랑스의 아데르(Clement Ader, 1841~1925)는 증기 기관을 단 비행기를 타고 50여 m나 비행했지요. 그렇지만 땅에서 떠오른 높이가 고작 20여 cm밖에 되지 않았습니다. 또 1894년에는 영국의 맥심(Hiran Maxim, 1840~1916)이 증기 기관 비행기로 100여 m를 나는 데 성공했지만 그것 역시 땅에서 겨우 10여 cm 뜨는 데 그쳤지요.

땅에서 10cm, 20cm 뜬 것을 두고 날았다고 보는 것은 아무래도 좀 무리가 있겠지요. 라이트 형제의 플라이어 호가 날아오른 평균 높이 6m 남짓과 비교하면 그 차이가 더욱 분명해지지요.

증기 기관 엔진을 단 비행기가 이렇게밖에 비행을 못하는 주된 원인은 증기 기관 엔진이 내는 힘이 너무 약하기 때문입니다. 엔진은 엄청 크고 무거운데, 동력은 약하니 비행기가 제대로 떠오르기 어려운 것이지요. 그래서 그 후에 등장한 엔진이 부피는 작고 가벼우면서도 동력은 강력한 가솔린 엔진이었고, 라이트 형제가 그걸 장착한 플라이어 호로 비행에

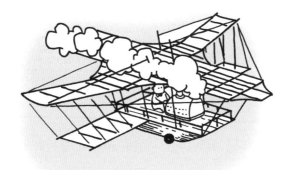

성공한 것이었지요.

그러나 가솔린 엔진은 애초에 비행기용으로 만든 것이 아니었습니다. 자동차에 사용하기 위해서 제작한 엔진이었는데, 그것을 라이트 형제가 가져다가 비행기에 적절히 사용했을 뿐이지요.

그러다 보니 가솔린 엔진을 장착한 비행기도 날아오르는데는 한계가 있을 수밖에 없었습니다. 자동차보다 크고 무거운 비행기를 더 빨리 더 높이 날아오르게 하기 위해서는 가솔린 엔진보다 우수한 성능의 엔진이 필요하게 되었습니다. 그래서 가솔린 엔진을 잇는 다음 엔진으로 등장한 것이 제트 엔진이었답니다.

제트 엔진이 비행기에 본격적으로 도입된 때는 제2차 세계

대전 후부터였습니다. 제트 엔진은 뜨겁게 데운 가스로 터빈을 고속으로 돌려서 힘을 내는 엔진입니다. 1960~1970년대에 제트 엔진을 단 비행기는 빠른 비행기의 대명사처럼 되었습니다.

하지만 제트 엔진이 비행기의 속도를 향상시켜 준 것은 확실했으나, 거기에도 분명한 한계가 있었습니다. 비행기의 속도를 높이려면 터빈을 빠르게 돌려야 하는데, 그렇게 되면 터빈의 온도가 올라가는 것이 걸림돌이었어요.

온도가 올라가면 어떻게 되겠어요?

__불이 나요.

그래요. 불이 납니다. 터빈의 뜨거운 열기가 삽시간에 번져 나가서 비행기를 불덩이로 만들어 버리지요. 그래서 제트 엔

진을 장착한 비행기는 마하(M) 3.5 이상으로 내달릴 수가 없
답니다.

마하는 공기보다 빠른 속도(초음속)를 표시하는 단위이다.

마하는 초음속 연구에 선구적인 업적을 쌓은 오스트리아의
물리학자 마흐(Ernst Mach, 1838~1916)의 공적을 인정해, 그
의 이름에서 따와 붙인 단위입니다.

공기의 속도는 초속 340m입니다. 1초 동안에 340m를 날아
가는 빠르기이지요. 그러니 M3.5의 속도는 1초 동안에 대략
1200여 m(340 × 3.5)를 날아가는 빠르기가 되는 것이지요.

이 이상의 속도를 내려면 새로운 엔진을 개발해야 하는데

램제트 엔진, 스크램제트 엔진이라고 부르는 엔진이 제트 엔진을 이을 차세대 비행기 엔진으로 연구되고 있답니다.

　램제트 엔진은 M3~5의 속도, 스크램제트 엔진은 M5 이상의 속도를 내는 데 효율적인 엔진입니다.

1903년 12월 17일, 미국 노스캐롤라이나 주 키티호크 해안의 킬데빌 언덕에선 라이트 형제의 역사적인 실험 비행이 있었습니다.

동생인 오빌 라이트가 형과 함께 제작한 플라이어 호로 먼저 비행을 했습니다.

와~ 12초 동안 36m나 날았어. 대단하다.

다음으로 형 윌버 라이트는 동생보다 오랜 시간 동안 더 많은 거리를 날았습니다.

기적이야, 기적! 59초 동안 260여 m를 날다니….

이렇게 해서 날아 가고 싶은 방향으로 원활하게 조종할 수 있는 현대식 비행의 첫 장이 활짝 열리게 된 것이죠.

그 후 엔진의 발전을 바탕으로 비행기의 성능은 많이 향상되었습니다. 즉, 엔진의 발전이 비행기의 발전으로 이어진 것이죠.

라이트 형제의 플라이어 호가 비행에 성공한 것도, 이전에 주로 사용한 힘이 약한 증기 기관 엔진보다 강력한 가솔린 엔진을 사용한 덕택이었어요.

4

비행기 날개와 양력

350t의 점보제트기가 가뿐히 날아오르는 이유는 뭘까요?
비행기 날개에 숨겨진 원리를 알아봅시다.

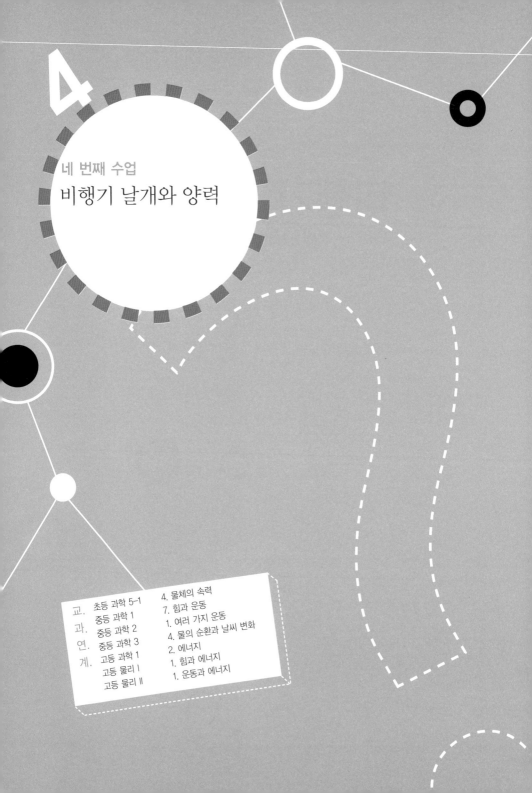

4

네 번째 수업

비행기 날개와 양력

레오나르도 다 빈치가
비행기 날개에 대한 이야기로
네 번째 수업을 시작했다.

비행기 날개에 숨은 비밀 1

킬데빌 언덕에서 대서양의 바닷바람을 맞으며 라이트 형제와 함께 떠오른 플라이어 호의 무게는 300여 kg에 달했습니다. 사람도 날지 못하는데, 어른의 평균 몸무게보다 4배나 무거운 물체가 공중을 자유롭게 비행한다는 건, 당시의 생각으로는 참으로 신기한 일이 아닐 수 없었지요.

어디 이뿐입니까? 과학의 발전은 라이트 형제의 플라이어 호와는 비교도 안 되는 대형 비행기가 떠오르는 것도 가능하

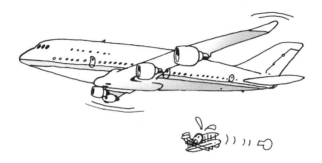

게 했습니다. 점보제트기인 보잉 747기의 무게는 무려 350여 톤에 이른답니다. 1t은 1,000kg이고, 플라이어 호의 무게는 300여 kg 정도이니, 점보제트기는 라이트 형제의 플라이어 호보다 무려 1,000배 이상이나 무거운 셈이지요.

이런 거대한 비행기가 떠오른다는 것은 상식적인 생각으로는 쉽게 받아들이기 어려운 일이지요. 그런데도 점보제트기는 가뿐히 날아오르지요. 대체 여기에는 어떠한 비밀이 숨어 있을까요?

자, 이 비밀 여행을 우리 다 같이 사고 실험을 하면서 떠나 보아요.

새가 비행할 수 있는 건 날개 때문이에요.

그래서 새처럼 날기 위해 비행기 양 옆에 날개를 달아요.

하지만 날개만 단다고 해서 비행기가 날 수 있을까요?

아니요, 그럴 수 없어요. 공기가 있어야 해요.

그런데 공기의 양은 높이에 따라서 달라요.

땅바닥에 가까울수록 많고, 하늘로 올라갈수록 적어져요.

　에베레스트 산과 같이 높은 산을 오르는 사람이 산 정상에 가까이 올라갈수록 숨을 헐떡이는 것을 보았을 거예요. 그래서 어떤 사람은 산소마스크를 쓰고 산 정상에 오르기도 하지요. 이게 다 높이 오를수록 공기가 적어지기 때문이지요.

사고 실험을 계속해 볼까요?

높을수록 공기가 적다면 비행기의 날개 위보다는 아래쪽에
공기가 더 많이 모여 있을 거예요.
그러니 공기가 자연스레 날개를 밀어 올려 주지 않을까요?

이런 식으로 사고 실험을 할 수도 있을 거예요. 그러나 이
건 다소 아쉬움이 많이 남는 사고 실험이에요. 왜 그런지 그
이유를 내가 사고 실험으로 보여 줄게요.

비행기의 날개는 아무리 두껍다고 해도 채 1m를 넘지 않아요.
비행기 날개를 한번 보세요.
내 말이 맞죠?
비행기 날개 두께 정도로는 공기의 양에 큰 차이가 생기지 않아요.
위아래 공기의 양에 확연한 차이가 생기려면
높이 차가 적어도 수백 m 내지는 수천 m가 되어야 해요.
수백 m라면 수십 층짜리 건물을 세워 놓은 것과 비슷한 높이예요.
비행기 날개를 이만한 두께로 만든다고 생각해 보세요.
이런 무지막지하게 두꺼운 날개를 비행기 양 옆에 붙일 수 있겠어요?
절대 없어요.

이건 비행기에 수십 층 높이의 고층 빌딩을 양 옆구리에 달고 날아 오르는 것과 똑같아요.

이게 어디 될 법한 이야기인가요?

설령 그만한 두께의 날개를 달았다고 해도 그래요.

날개가 그만 하면 비행기는 대체 얼마나 크고 높게 만들어야겠어요.

현재의 과학 기술로는 도저히 불가능한 일이랍니다.

비행기 날개에 숨은 비밀 2

공기의 힘을 얻어서 날아오르는 방법 중 날개의 두께를 두 껍게 하는 것은 권장할 만한 방법이 아니었어요. 그러니 다른 좋은 방법을 찾아야만 할 거예요.

자, 사고 실험으로 그 방법을 찾아 나서 보아요.

가벼울수록 날아오르기가 쉬워요.

그러니 날개는 얇으면 얇을수록 좋을 거예요.

그런데 문제는 날개가 두껍지 않으면 위아래에 모인 공기의 양에 별 차이가 없다는 점이에요.

날개 아래쪽에 모인 공기의 압력이 세야 떠오를 수가 있을 터인데, 날개 위아래에 모인 공기에 차이가 별로 없게 되면 압력 차이가 거의 나지 않게 돼요.

이러한 압력 차이로는 공기가 절대 비행기를 띄워 올릴 수가 없어요.

한마디로, 이대로는 결코 날아오르질 못하는 것이지요.

그러나 비행을 하려면 어떻게 해서든 하늘로 떠올라야만 해요.

날개는 얇으면서도 날개 위아래에 모인 공기의 양은 차이가 나도록 해야 하는 것이지요.

이걸 어떻게 해결하지요?

두껍지 않으면서도 공기 압력은 상당히 차이가 나도록 해야 한다니, 참으로 어려운 문제에 맞닥뜨린 듯해요.

여기서 연기가 피어오를 때를 생각하면서 사고 실험을 해 보아요.

연기가 밑에서 올라오고
있어요.
그 연기가 코 가까이 다가
와요.
연기 때문에, 눈이 따갑고
코가 매워요.
손을 휘저어요.
연기가 물러가네요.

그러나 눈과 코 부근에 있던 연기만 사라졌을 뿐이에요.
코 아래쪽 연기는 여전해요.
왜 이런 결과가 생기는 걸까요?
그래요, 손을 휘저었기 때문이에요.
그러면 손을 휘저어서 무엇을 달라지게 했지요?
맞아요, 빠르기예요.
손을 휘저어서 연기의 속도가 빨라졌어요.
속도가 빨라졌으니, 연기가 오래 머물지 못한 것이에요.

이 사고 실험에서 이끌어 낸 중요한 사실은 다음과 같은 결론이지요. 즉, 빠르면 오래 머물러 있지 못한다는 것이에요.

별것 아닌 듯싶지만, 아주 중요한 결론이에요. 이걸 통해서 비행기를 띄울 수가 있거든요.

비행기 날개에 숨은 비밀 3

앞에서 얻은 결론을 어떻게 적용해서 비행기를 띄우는 데 이용한다는 것일까요?

우리 다 같이 사고 실험으로 그 답을 찾으러 가요.

지금 문제가 되는 것은 비행기 날개 아래위에 모이는 공기의 양이에요.

공기가 위에는 조금 있어야 하는 반면, 아래에는 많이 있으면 좋아요.

그렇게 하려면 가장 먼저 떠오르는 것이 날개를 두껍게 하는 것이에요.

이것은 여러 논리상 부적절한 것으로 결론이 났어요.

그래서 날개는 얇으면서도, 날개 위쪽에는 공기가 적게 모이게 할 수 있는 방법을 찾았던 거잖아요.

그런데 우리가 그 방법을 해결할 단서를 얻어 내었어요.

빠르면 오래 머물지 못한다고 했잖아요.

그런데 날개 위쪽에 공기가 많이 모이지 못하게 하면 되는 것이니까요.

날개를 지나는 공기 중에서 날개 아래쪽을 지나는 공기보다

날개 위쪽을 지나는 공기가 더 빠르게 지나가도록 해 주면 될 거예요.

그래요, 또 하나의 중요한 사실을 우리는 사고 실험으로 이렇게 유도해 낸 거예요.

날개 위쪽에 공기가 많이 모이지 않게 하려면, 공기가 날개 위쪽을 빠르게 지나가도록 하면 된다.

이제 남은 숙제는 공기가 비행기의 날개 위쪽을 빨리 지나가도록 하는 방법을 찾으면 되는 거예요.

사고 실험을 계속해요.

공기가 비행기 날개로 다가와요.

이 공기가 비행기 날개 위쪽과 아래쪽으로 갈라져서 지나가요.

비행기 날개의 위아래가 똑같이 평평하면 날개 위쪽으로 지나가는

공기나 날개 아래쪽으로 지나가는 공기가 모두 똑같은 빠르기로 날

개를 지나가요.

공기는 날개가 시작하는 곳에서 헤어져서 날개가 끝나는 곳에서 다

시 만나면 되거든요.

그러려면 날개 위나 아래로 공기가 똑같은 빠르기로 지나가면 돼요.

날개 위쪽이나 아래쪽이나 똑같이 평평해서 길이가 다르지 않으니

까요.

이것은 육상 선수 2명이 직선 트랙을 달린다고 했을 때 결승선에

똑같이 들어와야 하는 경우와 같다고 보면 돼요.

결승선을 똑같이 통과해야 하니, 두 사람은 당연히 똑같은 빠르기

로 직선 트랙을 달려야 할 테니까요.

반면, 한 사람은 직선 트랙을 돌고 또 한 사람은 곡선 트랙을 도는데

두 사람이 결승선에는 같이 들어와야 하는 경우는 어떻겠어요.

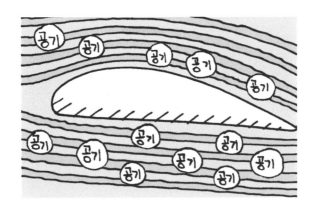

곡선 트랙을 도는 사람이 더 빨리 달려야 할 거예요.

아하!

이제 답이 보이나요?

그래요, 비행기 날개도 이렇게 만들면 될 거예요.

위쪽은 곡선처럼 만들고, 아래쪽은 평평하게 만들면 날개 위쪽을 지나는 공기는 날개 아래쪽을 지나는 공기보다 빨리 달릴 테니까요.

아주 훌륭한 사고 실험을 했어요.

비행기 날개를 잘 살펴보세요. 날개 위아래가 똑같이 평평한가요?

__ 아니요.

그렇죠, 똑같이 평평하지는 않아요. 날개 위쪽은 약간 두툼한 모양인 반면, 아래쪽은 평평한 모양이에요.

비행기 날개 위아래의 모양이 왜 이렇게 다를까 의아해했던 경험이 있는 사람은 이제 그 답을 안 거예요. 그건 공기가 날개 위쪽과 아래쪽을 다른 속도로 지나가도록 하기 위함이었던 거예요. 그래야 압력 차이가 생겨서, 공기가 비행기 날개를 들어 올려 줄 수 있으니까요.

공기가 날개를 밀어 올려서 비행기를 떠올려 주는 힘을 양력이라고 한다.

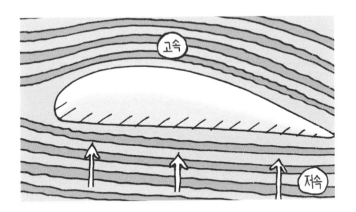

이것 봐. 이 비행기는 날개를 잘못 만들었나봐. 평평하지가 않아.

그러니까 여기에 전시되어 있는 게 아닐까? 잘 만들었으면 날고 있겠지.

아니…. 이 비행기의 날개는 아주 잘 만들어진 거예요. 만약 비행기의 날개가 평평하다면 제대로 날 수가 없죠.

네? 정말요?

비행기가 날 때 날개에 부딪히는 공기는 날개가 시작하는 곳에서 갈라져서 날개가 끝나는 곳에서 다시 만나게 됩니다. 만약 날개가 평평하다면 날개 위나 아래로 똑같은 빠르기로 공기가 흘러 날 수가 없답니다.

똑같은 빠르기로 공기가 흐르면 안 되나요?

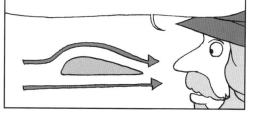

예, 왜 그런지 알아볼까요? 아래 그림처럼 위쪽은 약간 두툼하게 배가 불러 있고, 아래쪽은 평평한 모양이어야 합니다. 날개가 시작되는 곳에서 공기가 갈라져 끝에서 다시 만나기 위해서는 위쪽 공기가 빨리 흘러야 한답니다.

그리고 이런 공기의 속도 차이 때문에 날개의 위와 아래에 압력 차이가 생기고, 이 압력의 차이에 의해 비행기 날개가 들어 올려지는 거랍니다. 공기가 날개를 밀어 올려서 비행기를 떠올려 주는 힘을 양력이라고 해요.

아, 그럼 이 비행기의 날개는 잘 만들어진 거였군요.

후후, 비행기 날개 모양이 왜 이런지 이제 알겠죠?

베르누이의
정리와 **받음각**

날개의 각도를 어떻게 사용해서 양력을 얻을 수 있는지,
베르누이의 정리가 양력과 어떻게 연결되는지 알아봅시다.

5

다섯 번째 수업

베르누이의
정리와 받음각

레오나르도 다 빈치가
지난 시간에 배운 내용을 확인하며
다섯 번째 수업을 시작했다.

베르누이의 정리

　우리는 무거운 비행기를 띄워 올려 주는 힘이 양력이라는
걸 알았습니다. 사고 실험을 통해서 양력을 유도해 내었어요.
그러나 양력을 우리가 처음으로 밝혀낸 것은 아니지요.

　비행기는 이미 우리가 태어나기도 전에 하늘을 떠다니고
있었지요. 이건 누군가가 벌써 양력을 발견해서 비행기에 응
용했다는 명백한 증거이지요. 그렇다면 양력을 하나의 멋진
법칙이나 정리나 원리로 집약한 과학자가 있을 겁니다.

그건 바로 스위스의 과학자 베르누이예요. 베르누이는 다음의 사실을 알아내었어요.

유체의 빠르기와 압력은 반비례한다.

이것을 '베르누이의 정리'라고 합니다.

무궁한 속뜻

베르누이의 정리를 처음 들은 사람은 덜컥 겁부터 집어먹을 수도 있을 거예요. 처음 듣는 어려운 말이 나왔으니까 당연한 반응이에요.

정리나 법칙이나 원리 등의 목적은 복잡한 자연 현상을 일목요연하게 표현하는 데 있어요. 그러자면 간단하지만 완벽하게 기술해야 합니다. 그래서 어려운 말이 들어가곤 해요.

하지만 그 속에는 무궁한 의미가 담겨 있어요. 그 대표적인 예가 아인슈타인이 내놓은 일반 상대성 이론이에요.

아인슈타인의 상대성 이론은 특수 상대성 이론과 일반 상대성 이론으로 나누어요. 이 중 특수 상대성 이론을 1905년에 먼저 발표했고, 일반 상대성 이론은 1916년에 발표했답니다.

아인슈타인의 일반 상대성 이론은 우리의 우주가 어떻게 이루어져 있는가를 설명해 주는 이론이에요. 아인슈타인은 '중력장 방정식'이라는 방정식 하나로 이것을 그려 내었어요. 이건 실로 놀라운 업적이에요. 우주에 숨은 무진장한 비밀을 하나로 집약한 거나 마찬가지인 셈이니까요.

이건 다른 말로 하면, 아인슈타인의 중력장 방정식이 굉장히 어렵다는 말과도 같아요. 사실, 물리학의 역사에서 아인슈타인의 중력장 방정식보다 어려운 방정식은 없었어요. 이걸 누가 언제쯤이나 완벽하게 풀어 낼 수 있을지는 아직도 요원할 따름이에요. 아인슈타인 이후 최고의 천재라는 호킹 박사도 아인슈타인의 중력장 방정식의 일부만을 해석해 내고 있을 뿐이에요.

아인슈타인의 중력장 방정식은 하나의 방정식으로 깔끔하게 정리는 되어 있어요. 하지만 실제 연구로 들어가서 그 속에 담긴 물리적인 의미를 바르게 찾아내려면 상황이 확연히 달라져요. 아인슈타인의 중력장 방정식을 풀어 나가다 보면 그것이 자연스레 여러 개의 복잡한 방정식으로 다시 나누어지는데, 그 하나하나가 방정식 중에서도 가장 어렵다는 방정식(편미분 방정식)이에요.

이 방정식 하나하나를 펜과 종이만으로 풀려면 짧게 걸리는 것이 수개월은 족히 걸려요. 그래서 계산의 능률을 높이기 위해서 슈퍼컴퓨터의 도움을 빌리곤 해요.

하지만 이게 끝이 아니에요. 컴퓨터의 도움을 빌려 계산한 그 각각의 방정식마다에 자연의 비밀이 심도 있게 숨어 있는 미지의 변수가 여러 개씩 달려 있어요.

방정식을 푸는 것보다 진짜 의미 있는 것은 이것을 해석해 내는 일인데, 이걸 제대로 완벽하게 해석한 사람이 아직 아무도 없어요. 아인슈타인이 중력장 방정식을 내놓은 지 오랜 시간이 흘렀지만, 우리가 알아낸 건 새 발의 피 수준이지요.

이렇듯 원리나 법칙이나 정리 속에는 무궁한 속뜻이 담겨 있답니다.

베르누이의 정리와 양력

원리나 법칙이나 정리에 어려운 말이 들어가 있다고 해서 지레 겁먹지 않아도 돼요. 현재 살아 있는 세계 최고의 천재라는 호킹 박사도 아인슈타인의 중력장 방정식에 담겨 있는 뜻을 완벽하게 해석해 내지 못하잖아요.

그러니 용기를 가지세요. 우리가 과학을 다 알 수는 없는 거예요. 다 안다면 배울 필요가 없지 않겠어요. 모르니까 알려고 배우는 것이니까요.

자, 그럼 베르누이의 정리가 양력과 어떻게 연결되는지 알아봅시다.

물과 같은 액체나 공기와 같은 기체를 통틀어서 유체라고 합니다. 이것은 다음과 같이 말해도 괜찮다는 뜻이에요.

유체는 물이나 공기이다.

그래서 유체의 빠르기와 압력이 반비례한다는 뜻은, '물의 빠르기와 압력은 반비례한다', '공기의 빠르기와 압력은 반비례한다'는 말이 되는 거예요. 여기서 반비례한다는 말은 다음과 같은 의미예요.

한쪽이 커지면, 다른 한쪽은 작아진다.

　빠르기와 압력이 반비례한다는 건, 빨라지면 압력이 약해
지고 느려지면 압력이 강해진다는 의미예요. 이걸 물과 공기
에 적용하면 이렇게 될 거예요.

물의 빠르기와 압력은 반비례한다.

　물살이 빨라지면 압력이 약해지고, 물살이 느려지면 압력
이 강해집니다.

공기의 빠르기와 압력은 반비례한다.

압력이 약함

압력이 강함

　공기가 빠르게 흐르면 압력은 약해지고, 공기가 느리게 흐
르면 압력은 강해집니다.

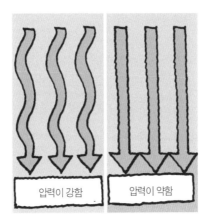

압력이 강함　　압력이 약함

　여기서 공기의 빠르기와 압력은 반비례한다는 말을 보세요. 공기가 빠르게 흐르면 압력이 약해지는 것은 비행기 날개 위쪽으로 공기가 흐를 때 나타나는 현상이지요. 그리고 공기가 느리게 흐르면 압력이 강해지는 것은 비행기 날개 아래쪽으로 공기가 흐를 때 나타나는 현상이에요. 그래서 비행기 날개의 아래는 평평하고, 위는 배가 솟은 모양으로 만든 것이잖아요.

　베르누이의 정리가 비행기의 양력을 올바르게 설명해 주는 원리라는 걸 확고히 입증한 셈이지요.

받음각을 높여라

비행기가 떠오르도록 하는 데 결정적인 기여를 하는 건 양력이에요. 양력은 날개의 모양과 떼려야 뗄 수 없는 관계이지요.

그러나 날개의 형태가 양력을 낳는 단 하나의 요소는 아니에요. 이것 말고도 양력을 얻을 수 있는 방법이 또 있어요. 날개의 각도를 조정하는 것이지요.

자, 날개의 각도를 어떻게 사용해서 양력을 얻어 낼 수 있는지, 우리 다 같이 사고 실험으로 알아보도록 해요.

아이가 연을 날리고 있어요.

연이 땅과 수평하게 떠 있네요.

아이는 연이 더 높이 올라가길 바라고 있어요.

그래서 아이는 내달려요.

달리면 연이 바람을 많이 받을 것이고

연이 바람을 더 많이 받으면 받을수록

더 높이 올라갈 거라고 생각하기 때문이에요.

그러나 예상과는 다른 결과가 나왔어요.

연은 더 이상 높이 떠오르지 않는 거예요.

그 이유가 무엇 때문인지 아이는 몹시 궁금했어요.

아이가 힘차게 내달린 것은 맞바람의 힘을 이용해서 연을 더 높이 띄우려고 한 행동이었어요. 아주 좋은 생각이지요. 그러나 생각대로 연이 높이 뜨지 않았는데, 그것은 연이 기운 정도 때문입니다.

연이 상승하려면, 아이가 예측한 것처럼 맞바람을 많이 받아야 해요. 그런데 여기서 아이가 착각한 게 있어요. 아이는 연을 아무렇게나 해 주어도 그냥 빨리 달리기만 하면 맞바람을 많이 받는 것으로 알고 있었어요.

그러나 그게 아니거든요. 맞바람의 크기는 연이 어떻게 기울어 있느냐에 크게 좌우되어요. 생각해 보세요. 손바닥을 세운 경우와 누인 경우, 바람이 손바닥을 스치고 지나가는

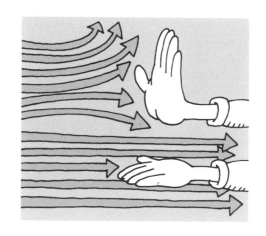

양이 같은가요? 아니에요, 절대 같지 않아요. 이것은 기운 정도에 따라서 공기와 부딪치는 양이 달라진다는 뜻이에요.

연도 마찬가지예요. 손바닥을 누인 것처럼 연이 누워 있으면, 연에 닿는 맞바람은 아주 조금일 수밖에 없어요. 대개의 맞바람은 연을 스치며 지나갈 뿐이에요. 그런데 아이의 연은 이렇게 누워 있잖아요. 그러니 빨리 달린다고 해서 연이 맞바람을 많이 받을 수는 없었던 거예요.

이걸 해결하려면 어떻게 해야겠어요? 그래요, 연을 기울인 채로 달려야 하는 거예요. 그렇게 하면 맞바람이 많이 부딪쳐서 연을 더욱 높이 띄워 줄 거예요. 이와 같은 생각을 비행기에도 똑같이 적용할 수가 있어요.

우리 사고 실험을 계속 하도록 해요.

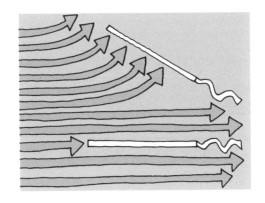

비행기가 활주로를 달리고 있어요.

날개에 공기가 와서 부딪혀요.

비행기가 양력을 얻고 있어요.

이때의 양력은 날개의 모양만으로 얻는 힘이에요. 이렇게
해서 양력을 얻는 방법에 더해, 또 다른 방법으로 양력을 얻
을 수 있다면 비행기는 더욱 가뿐히 하늘로 떠오를 수 있을
거예요.

우리 사고 실험을 계속 이어갈까요.

비행기의 날개 각도를 약간 올려 주니

날개가 비스듬히 꺾이고 있어요.

그러자 조금 전보다 많은 공기가

날개에 와서 부딪히고 있어요.

그렇게 부딪힌 공기가 비행기를

들어 올려 주는 데 도움을 주고 있네요.

또 다른 양력이 생긴 거예요.

비행기는 더욱 가뿐하게 떠오르고 있어요.

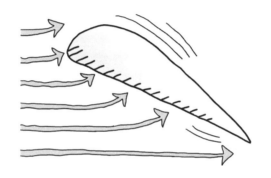

비행기의 날개의 각을 세우는 걸 받음각을 높인다고 한다.

비행기가 떠오를 때, 날개의 모습을 잘 관찰해 보세요. 고개를 쳐들 듯이 날개를 치켜세우는 걸 똑똑히 확인할 수 있을 거예요.

그러나 주의할 점은 받음각을 너무 높이 올려 주어서는 안 된다는 점이에요. 연을 너무 기울이면 어떻게 되겠어요. 맞

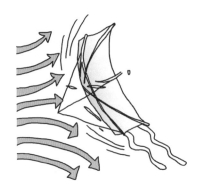

아요. 맞바람의 세기가 너무 세져서 연이 뒤집어지거나, 연살이 부러져 버려요. 비행기도 마찬가지예요. 받음각을 너무 높이면, 바람이 너무 강하게 부딪쳐서 날개가 부러지거나 비행기가 파손될 수도 있는 거예요.

뭐든지 적당한 게 좋은 거예요. 욕심을 너무 부리면 아니한 것보다 못한 결과를 얻는 경우가 비일비재하거든요.

과학자의 비밀노트

받음각

비행기 날개를 절단한 면의 기준선과 기류가 이루는 각도이다. 비행기를 이륙시킬 때는 받음각을 높여 양력을 얻어 이륙시키고, 착륙시킬 때는 받음각을 높여 속력을 줄임으로써 안전하게 착륙하도록 한다.

아, 이런 날개 모양으로 양력을 만드는 거구나. 그런데 날개의 모양에 따라 얼마나 큰 양력이 생기는지도 알 수 있을까요?

물론이지요. 그런 계산 없이 지금의 비행기들이 만들어졌을까요? 스위스의 베르누이라는 과학자가 이 양력에 대한 법칙을 정리했어요.

그래요?

베르누이는 유체의 빠르기와 압력은 반비례한다는 사실을 알아냈는데, 이것을 '베르누이의 정리'라고 해요.

아아! 속력이 빠르면 압력이 낮아지는군요.

그런데 선생님! 양력을 얻기 위해선 날개의 모양을 이용하는 방법밖에 없나요?

오, 좋은 질문이에요. 양력을 얻을 수 있는 또 다른 방법은 비행기의 날개 각도를 약간 올려 주는 거랍니다.

이렇게 날개를 비스듬히 꺾어 주면 전보다 많은 공기가 날개에 와서 부딪히게 되고 그렇게 부딪힌 공기는 비행기를 들어올리는 작용을 하게 되어 또 다른 양력이 생긴답니다.

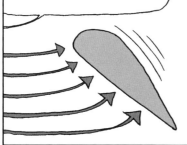

이렇게 비행기의 날개 각을 세우는 것을 받음각을 높인다고 해요. 받음각을 높이는 방법으로 비행기는 더욱 가뿐하게 떠오를 수 있답니다.

와, 정말 잘 뜨네요.

6

베르누이 정리의 이용

항해하는 배와 야구 경기에서, 베르누이 정리가
어떻게 유용하게 이용되는지를 살펴봅시다.

6

베르누이 정리의 이용

레오나르도 다 빈치의
여섯 번째 수업은 베르누이 정리의
이용에 관한 내용이었다.

나란히 달리는 두 배

베르누이 정리는 아주 유용한 원리예요. 비행기가 떠오르는 양력을 설명해 준다는 것만으로도 베르누이 정리의 유용성은 충분히 입증되었다는 것을 알 수 있지요.

이번 수업에서는 항해하는 배와 야구 경기에서 베르누이 정리가 어떻게 유용하게 이용되는지를 살펴보겠어요.

'땅' 하는 신호와 함께 2척의 배가 출발선을 벗어났어요. 배들은 직선 항로를 따라 가물가물한 결승선을 향해 전속력으

로 달리고 있어요. 배의 속도가 엇비슷해서 눈으로는 순위를 정하기가 어려울 정도예요.

그런데 이상한 것은 시간이 흐를수록 배 2척의 간격이 점점 좁혀지는 것이에요. 출발선에선 옆으로 50m 떨어져서 나란히 출발하였지만, 결승선에 다가갈수록 떨어진 간격이 40m, 30m, 20m, 10m가 되더니 이내 충돌하기 일보 직전까지 되었네요.

대체 이게 어찌된 일인가요?

우리는 이 문제를 베르누이의 정리로 간단히 설명할 수가 있어요. 베르누이의 정리는 다음과 같습니다.

유체의 속력이 증가하면, 압력은 감소한다.

자, 여기서 사고 실험을 한번 해 볼까요?

두 배가 전진하기 시작했어요.

배 옆으로 물이 흐르고 있어요.

배의 바깥쪽으로도 물이 흐르고 있으며

배의 사이로도 물이 흐르고 있어요.

두 배가 거의 같은 속도로 내달리고 있어요.

그런데 배 주위로 흐르는 물살의 빠르기가

똑같지가 않아요.

배 바깥으로 흐르는 물살은 양쪽이 다 똑같아요.

하지만 배 사이로 흐르는 물살은 그렇지가 않아요.

배 사이로 흐르는 물살이

배 바깥으로 흐르는 물살보다 훨씬 더 빠른 거예요.

이건 좁은 곳과 넓은 곳을 지날 때를 생각해 보면 이해가 돼요.

통로가 넓으면 천천히 움직여도

여러 사람이 다 지나갈 수가 있어요.

그러나 통로가 좁으면 빨리빨리 달려야

여러 사람이 다 지나갈 수가 있지요.

배 사이로 흐르는 물살이 배 바깥으로

흐르는 물살보다 빠른 이유예요.

배 사이가 배 바깥보다 월등히 좁기 때문에

물살이 배 사이에서 더 빠르게 흐르는 거예요.

물살이 빨라지면 무엇이 약해지지요?

그래요, 베르누이의 정리에 따라서 압력이 약해져요.

압력이 약해진다는 건 힘이 떨어진다는 뜻이지요.

그러니까 배 사이에서 밀어내는 힘보다

배 바깥에서 미는 힘이 더 강하다는 의미이지요.

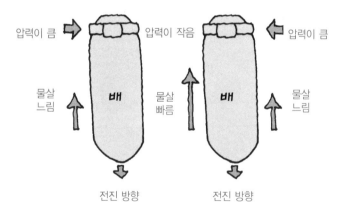

배 바깥에서 미는 힘이 더 강하면 어떻게 되겠어요?

그래요, 배는 안으로 밀릴 수밖에 없어요.

처음에는 상당히 떨어져서 나란히 달렸지만, 베르누이의 원리에 따라서 나중에는 충돌할 수밖에 없는 거예요. 배를 잘못 조종한 것도, 배에 이상이 있는 것도 아닌데 말이에요.

변화구의 비밀

야구장에 온 사람들이 가장 관심을 두는 건 투수예요. 선발 투수가 누구이냐에 우선 초점을 두는 것이에요. 그만큼 야구 에서 투수가 차지하는 비중이 크다는 뜻이지요.

야구는 1명의 투수가 상대 팀 9명의 타자를 순번대로 돌아 가며 일대일로 상대하는 경기예요. 그러다 보니 투수가 차지 하는 비중이 클 수밖에 없고, 잘 던지는 투수를 어느 팀이 많 이 보유하고 있느냐에 따라 승패가 달라지지요.

투수가 타자를 아웃시키려면 다양한 구질이 필요해요. 직구 하나로 상대 타자를 제압할 수는 없기 때문이지요. 직구는 구 질이 가장 단순해서 상대 타자에게 금방 노출이 되지요. 그래서 투수는 직구 이외에 커브 볼, 스크루 볼, 포크 볼 등 다양한 구질을 개발하는 거예요.

투수가 던지는 변화구는 방향이 변화무쌍해서, 어느 경우는 왼쪽으로 꺾이는가 하면 어느 경우는 오른쪽으로 굽어지고, 또 어느 경우는 밑으로 뚝 떨어지는 등 휘어지는 각도와 떨어지는 비율이 천차만별이랍니다. 물론 우수한 투수일수록 공의 변화 폭이 큰데, 투수의 능력을 가르는 결정적인 잣대가 되지요.

자, 그럼 변화구의 비밀을 풀어 봅시다. 여기서도 베르누이의 법칙이 중요한 역할을 하게 됩니다.

우리 다 같이 사고 실험을 해 보죠.

투수가 공을 던지고 있어요.

그러자 공기가 강하게 저항을 하네요.

공이 나아가는 반대쪽으로

공기가 거슬러 흐르면서 공의 진행을 방해하는 거예요.

공이 위아래로 회전을 하고 있어요.

위쪽은 전진하는 회전이지만 아래쪽은 회전 방향이 그 반대네요.

그러나 공기가 저항하는 방향은 한결같이 앞에서 뒤쪽이에요.

그래서 공의 위쪽과 아래쪽에 속도 차이가 생기네요.

위쪽은 야구공이 회전하는 방향과 공기가 저항하는 방향이 달라요.

방향이 반대이므로, 공의 윗부분은 공기가 저항하는 힘만큼 앞으로
회전하기가 어려울 거예요.

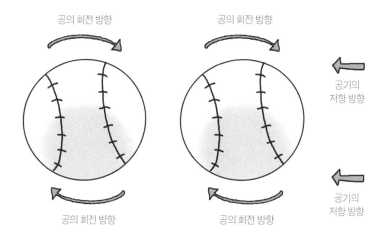

공의 회전 방향　　　　　공의 회전 방향

공기의
저항 방향

공기의
저항 방향

공의 회전 방향　　　　　공의 회전 방향

그러니 공의 속도가 떨어질 수밖에 없어요.

반면, 아래쪽은 야구공이 회전하는 방향과 공기가 저항하는 방향이

같아요.

방향이 같으니, 공의 아랫부분은 공기의 저항력이 더해져 뒤쪽으로

회전하기가 쉬워질 거예요.

속도가 빨라지고 느려지면 압력이 어떻게 되지요?

그래요. 베르누이의 법칙에 따라서

압력의 차이가 생기게 돼요.

압력과 속력은 반비례하니까

속력이 느려진 위쪽은 압력이 강해지고

속력이 빨라진 아래쪽은 압력이 약해져요.

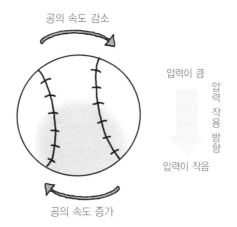

위쪽은 압력이 강해지고 아래쪽은 압력이 약해졌으니

어떤 일이 벌어지겠어요?

맞아요. 위에서 아래로 누르는 힘이 생길 거예요.

누르는 힘이 생긴 공은 뚝 떨어질 거예요.

투수가 던진 공이 낙하하는 비밀이에요.

이제 투수가 던진 공이 왜 아래로 떨어지는지 알겠지요? 그 비밀을 모르고 있거나 알고 싶어 하는 사람에게 이제 여러 분이 알려 주세요. 그럼 여러분은 당연히 과학의 달인이 되는 거예요.

과학자의 비밀노트

베르누이 정리

유체가 흐르는 속도와 압력의 관계를 나타낸 법칙이다. 스위스의 물리학자이자 수학인인 베르누이(Daniel Bernoulli, 1700~1782)가 발표하였다. 엄밀하게는 점성과 압축성이 없는 이상적인 유체가 규칙적으로 흐르는 경우에 대해, 속력과 압력 등의 관계에 대한 법칙이다. 유체의 위치 에너지와 운동 에너지의 합이 일정하다는 것에서부터 유도된다.

만화로 본문 읽기

스트라이크!

아유, 병만이의 커브 볼은 치기가 너무 어려워.

넌 어떻게 그리 커브 볼을 잘 던질 수가 있는 거니?

그건 말이야, 과학 공부를 열심히 하면 돼.

운동하는 데 과학 공부 얘기를 왜 해?

내가 그 이유를 알려 줄게. 공을 던지면 공기가 강하게 저항을 하게 돼.

공기 흐름

야구공은 위아래의 회전 방향이 반대여서 속도 차이가 생겨. 위쪽은 공이 나아가는 방향과 공기 저항 방향이 달라서 공기가 저항하는 힘만큼 앞으로 나아가기 어렵지. 그래서 공의 속도가 떨어질 수밖에 없어.

공의 회전 방향

공기의 저항 방향

반면, 아래쪽은 공이 나아가는 방향과 공기 저항 방향이 같아서 공기의 힘을 더 얻어 공이 앞으로 나아가기가 쉬워져. 그러면 베르누이의 법칙에 따라 속력이 느려진 위쪽은 압력이 강해지고, 속력이 빨라진 아래쪽은 압력이 약해져.

압력

그래서 위에서 아래로 누르는 힘이 생겨서 누르는 힘이 생기는 공이 뚝 떨어지게 돼 있지. 이게 야구공이 낙하하는 비밀이야.

나, 집에 가서 과학 공부 먼저 하고 올게!

헬리콥터와 양력

좁은 공간에서 날아오르려면 어떤 원리가 적용돼야 할까요?
수직으로 떠오르는 헬리콥터의 비밀을 알아봅시다.

7 헬리콥터와 양력

레오나르도 다 빈치가 좁은 공간의
비행에 대한 이야기로
일곱 번째 수업을 시작했다.

좁은 공간의 비행

비행기는 활주로를 힘차게 내달려야 더 잘 뜰 수 있지요.
그래서 긴 활주로와 넓은 공간이 반드시 필요해요.

이것은 비행기가 안고 있는 가장 큰 취약점 중의 하나랍니
다. 그러니 긴 활주로도 필요 없고, 좁은 공간에서도 가뿐히
날아오를 수 있는 비행기가 있다면 정말 여러모로 편리할 겁
니다.

그런 비행기가 가능할까요? 가능하다면 그것이 어떤 종류

일까요?

우리 다 같이 사고 실험으로 알아보도록 해요.

달리면 양력을 얻을 수가 있어요.

하지만 짧은 활주로, 좁은 공간에서는 달리는 것이 가능하질 않아요.

그래서 짧은 활주로, 좁은 공간에서 날아오르려면

가능한 한 움직이지 않고 양력을 얻어야 해요.

그러면 어떻게 해야 할까요?

글라이더에서 한 사고 실험을 생각해 보세요.

날개를 새처럼 움직이지 못하니까 어떻게 했죠?

그래요, 달렸어요.

공기가 날개로 다가오도록 말이에요.

이 상황도 다르지 않아요.

내가 움직이지 못하면 상대를 움직이게 하면 되는 거예요.

여기서 상대란 공기를 말해요.

공간이 좁아서 달리기가 여유롭지 못하니

공기를 날개 쪽으로 끌어들이는 거예요.

그런데 움직이지 않고, 어떻게 공기를 유인하지요?

그래요, 날개를 빙글빙글 돌리는 거예요.

컵에 물을 채우고 휘저어 보세요. 물이 회전하면서 가운데로 몰려들지요?

회전하는 프로펠러도 마찬가지예요. 프로펠러가 씽씽 돌아가면 공기가 그 속으로 세차게 빨려들지요.

사고 실험을 계속해요.

공기가 많이 모여 있으면 더 많은 힘으로 떠받쳐 주는 거예요.

그러니 한결 떠오르기가 쉬워요.

그렇게 공기를 많이 모으려면 날개가 하나 있는 것보다는

여러 개가 있으면 더 좋을 거예요.

그만큼 공기를 더 많이 끌어올 수 있을 테니까요.

날개는 땅과 수평하게 설치해야 해요.

비행기 날개처럼 말이에요.

그러나 비행기와 다른 건 날개를 옆구리에다 달지 않는다는 거예요.

공간이 좁아서 달리지 못하니까

날개를 옆구리에 다는 건 큰 의미가 없어요.

날개를 옆구리에 못 달면 다음으로 생각할 수 있는 것이

아래나 위에 다는 거예요.

그러나 날개를 아래쪽에다 다는 것은 물속에서 움직일 때, 생각해

볼 사항이에요.

배에 스크루가 달려 있는 걸 생각해 보세요.

스크루를 위에 달지는 않지요.

그러면 날개를 위에 다는 수밖에 없네요.

그래요, 비행체 머리 위에 얹는 거예요.

그리고 날개를 빙글빙글 돌리는 거예요.

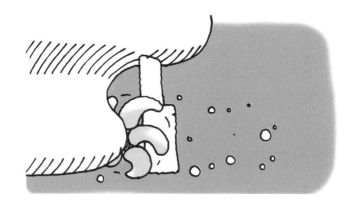

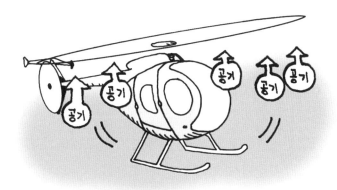

　머리 위에 붙은 빙글빙글 회전하는 날개의 도움으로 제자리에서 떠오르는 비행체, 이것이 무엇인가요?

　— 헬리콥터입니다.

　맞아요. 헬리콥터가 만들어진 배경에는 이런 과학적인 이유가 숨어 있답니다.

헬리콥터의 역사

　헬리콥터는 머리에 얹은 회전 날개를 빙글빙글 돌려서 얻은 힘으로 날아오르는 회전 날개 비행기예요. 헬리콥터는 수직으로 떴다 내렸다를 반복할 수 있는 데다가, 공중에서 제자리에 멈추어 있을 수도 있어서 상당히 유용하게 이용할 수가 있어요. 산에 불이 나서 진화 작업을 하는 데도 더 없이 편리하게 쓸 수 있는 비행기예요.

헬리콥터가 실제로 대중적으로 선을 보인 때는 라이트 형제가 개발한 것과 같은 일반 비행기보다 오래되지 않았어요. 그러나 그 역사의 뿌리는 일반 비행기보다 훨씬 오래되었지요.

중국인들은 이미 기원전에 제자리에서 떠오르는 장난감 비행기를 생각하기도 했지요. 그리고 헬리콥터에 대한 진지한 구상은 나에 이르러서 절정을 이루었지요. 나는 나사의 원리를 이용한, 오늘날의 헬리콥터와 유사한 비행기를 생각해 내었으니까요.

그러다가 헬리콥터의 본격적인 발전이 이루어지기 시작한 때

는 20세기에 들어 일반 비행기가 개발되고 나서부터였습니다.

그런데 좀 이상하지요? 구상은 일반 비행기보다 한참 앞서서 했는데, 만들기는 더 늦어졌으니 말이에요. 그것은 헬리콥터가 일반 비행기보다 작기는 하지만, 여러모로 고려해야 할 점이 많기 때문이에요.

헬리콥터를 띄워 올리는 것은 일반 비행기보다 더 어려운 지식을 필요로 해요. 공기의 흐름 같은 복잡한 문제를 세세하게 생각해야 하거든요. 거기에다가 플라이어 호처럼 달리면서 날아오르는 게 아니라, 곧바로 공중으로 상승해야 하기 때문에 굉장히 큰 힘이 필요해요.

물건을 위로 올리는 데, 비탈면으로 끌어올리는 것과 수직으로 곧바로 끌어올리는 것 중에서 어느 쪽이 더 힘이 많이 들까요? 당연히 곧바로 끌어올리는 것이겠지요. 수직으로 떠오르는 헬리콥터가 더 큰 힘을 필요로 하는 이유도 이와 같은 이치예요.

라이트 형제가 플라이어 호에 사용한 엔진 정도로는 헬리콥터를 수직으로 안전하게 띄워 올리는 데 엔진의 힘이 다소 부족함이 있었어요. 그래서 헬리콥터를 개발하기 위해서는 출력이 우수한 엔진이 나오기를 기다려야 했던 거예요.

헬리콥터의 아버지라고 불리는 러시아 출신의 미국인 과학자 시코르스키(Igor Sikorsky, 1889~1972)가 1909년 헬리콥터에 대한 구체적인 구상을 끝내 놓고도 20여 년을 더 기다려야 했던 이유는 가볍고 출력이 뛰어난 엔진이 없었기 때문이거든요.

시코르스키는 러시아 혁명이 일어나자 미국으로 건너갔지요. 그리고 때마침 나온 우수한 엔진을 이용해서 본격적인 헬리콥터 연구에 들어갔습니다.

1939년, 시코르스키는 마침내 시코르스키 VS-300이라는 헬리콥터를 세상에 내놓았어요. 모두가 그 우수한 성능에 놀라움을 금치 못했지요.

시코르스키 VS-300을 개량한 헬리콥터들이 제2차 세계 대전 동안에 뛰어난 활약을 했지요. 적진에 추락한 비행사를 구조해 오고, 낮게 비행하면서 적군의 동태를 살피고, 전차나 대포와 같은 무거운 무기를 매달고 수송하는 등 일반 비행기로서는 도저히 할 수 없는 일을 훌륭히 해냈던 거예요.

그 후 미국의 벨사에서 벨-30형, 벨-40형의 헬리콥터를 개발하면서 헬리콥터 산업은 시코르스키가 설립한 시코르스키 항공사와 벨사가 주도하는 형식으로 발전하게 되었습니다.

우리나라는 1970년대 후반부터 헬리콥터 개발에 뛰어들었답니다.

꼬리 날개

이제는 헬리콥터에 남아 있는 나머지 하나의 비밀을 캘 시간이 되었어요.

헬리콥터를 보면 머리 쪽에 큰 날개가 붙어 있는데, 이것을 '주 날개'라고 하지요. 그리고 헬리콥터에는 이것 이외에 또 하나의 날개가 있어요. 꼬리 쪽에 자그마한 날개가 하나 더 달려 있는데, 이것을 '꼬리 날개'라고 하지요.

자, 이 꼬리 날개를 왜 다는지, 꼬리 날개가 없으면 안 되는지, 그 해답을 찾으러 사고 실험 여행을 떠나 보아요.

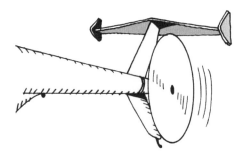

헬리콥터의 주 날개가 회전하고 있어요.

회전력이 생기고 있어요.

회전력이 생겼으니 돌아야 할 거예요.

맞아요. 주 날개가 돌아가는 힘 때문에

헬리콥터가 빙그르르 회전하게 되네요.

그런데 도는 방향이 주 날개가 회전하는 방향과 다르네요.

주 날개가 시계 방향으로 도니까

헬리콥터는 시계 반대 방향으로 회전하네요.

그리고 주 날개가 시계 반대 방향으로 도니까

헬리콥터는 시계 방향으로 회전하네요.

주 날개가 돌자, 헬리콥터가 따라서 반대로 도는 것은 각운
동량 보존 법칙 때문이랍니다.

여기서는 헬리콥터가 회전하면서 안정된 평형을 이루어야
한다는 말이 되지요.

헬리콥터의 주 날개가 빙글빙글 돌아서 회전력이 생겼어
요. 그런데 각운동량 보존 법칙으로 전체 각운동량은 변함이
없어야 하니, 주 날개가 도는 것을 상쇄해 주는 힘이 있어야
할 거예요. 주 날개의 회전력을 상쇄하려면, 주 날개의 회전
방향과는 반대쪽으로 헬리콥터가 돌면 될 거예요.

그래서 주 날개가 시계 방향으로 회전하면 헬리콥터가 시
계 반대 방향으로 도는 것이고, 반대로 주 날개가 시계 반대

방향으로 회전하면 헬리콥터가 시계 방향으로 도는 것이지
요.

사고 실험을 계속 이어 갈까요.

비행체는 안정이 중요해요.

약간의 흔들림만 있어도 추락할 수가 있거든요.

그래서 헬리콥터의 몸체가 빙그르르 도는 것과

같은 일이 있어서는 절대로 안 되는 거예요.

그렇지만 주 날개가 돌자, 어찌 됐어요?

헬리콥터의 몸체가 빙그르르 반대 방향으로 돌았지요.

안전을 생각하지 않는다면 모르겠으나

그렇지 않다면 이건 아주 심각한 문제예요.

또 안전을 생각하지 않는다고 해도 그래요.

헬리콥터의 몸체가 빙그르르 돌면

조종을 제대로 할 수가 없을 거예요.

조종하지 못하는 헬리콥터가 무슨 의미가 있겠어요.

그야말로 이빨 빠진 호랑이 신세나 마찬가지지요.

하지만 헬리콥터가 공중으로 떠오르기 위해서는

반드시 주 날개를 회전시켜야 해요.

이걸 어떻게 해결하죠?

주 날개는 돌아가게 하면서도 헬리콥터의 몸체는

그대로 있게 할 수 있는 방법을 찾아야 하는 거예요.

그 방법이 무엇일까요?

한쪽으로 기울면 중심을 잡아 주면 됩니다. 예를 들어, 왼쪽이 무거우면 오른쪽에 추를 더 올려 주면 되지요.

이와 마찬가지의 원리를 적용하면 돼요. 헬리콥터의 주 날개가 어디에 있죠? 머리 쪽입니다. 그러니 균형을 잡으려면 어떻게 해야겠어요? 그렇지요. 반대쪽에 또 하나의 날개를 달아 주면 될 거예요. 꼬리에다 말이에요.

이렇게 하면 머리 쪽에 붙어 있는 주 날개가 회전해서 생기는 힘에 비길 수 있는 힘이 꼬리 날개에서 생길 거예요. 이것이 헬리콥터의 꼬리 쪽에 없어도 될 것처럼 보이는 자그마한 꼬리 날개를 굳이 다는 이유랍니다.

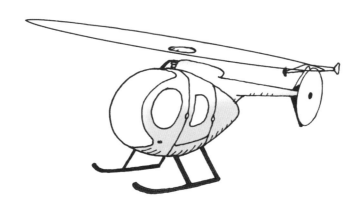

과학자의 비밀노트

각운동량 보존 법칙

외부에서 힘이 작용하지 않을 때, 또는 외부에서 작용하는 힘의 합력이 0일 때, 계 내부의 전체 각운동량은 항상 일정한 값으로 보존된다는 법칙이다. 각운동량은 회전하는 물체의 운동량과 물체와 회전축 사이의 거리의 곱이다. 피겨스케이팅 선수가 팔을 수평을 유지하면서 회전하다가 팔을 수직으로 들어 올리면 회전 속도가 빨라지는 것이 대표적인 예이다.

선생님 헬리콥터는 머리에 얹은 회전 날개를 빙글빙글 돌려서 얻은 힘으로 날아오른다는 것은 알겠는데, 꼬리 부분의 날개는 왜 있는 거죠?

그럼 선생님이 이렇게 물어볼게요. 헬리콥터에서 꼬리 날개가 없다면 어떻게 될까요?

글쎄요. 없어도 될 것 같은데….

만약 헬리콥터에서 꼬리 날개가 없다면 헬리콥터의 주 날개가 돌아갈 때 그 힘 때문에 몸체가 날개와 반대 방향으로 회전하게 되지요.

몸체가 회전하면 조종을 제대로 할 수가 없잖아요.

날개 방향

몸체 회전방향

그렇죠. 주 날개가 돌면 몸체도 따라서 반대로 도는 것은 각운동량 보존 법칙 때문이에요. 즉, 회전하는 물체의 전체 각운동량은 외부에서 힘이 작용하지 않는 한 어느 때나 항상 같아야 한다는 법칙 때문이지요.

알았다! 그래서 주 날개가 돌 때 헬리콥터의 몸체에 안정된 상태가 필요한 거죠?

정말 똑똑하네요. 헬리콥터의 날개가 돌아갈 때 각운동량 보존 법칙으로 전체 각운동량은 변함이 없어야 하니, 주 날개가 도는 것을 상쇄해 주는 힘이 있어야 하지요.

그래서 머리 쪽에 있는 주 날개가 회전해서 생기는 힘에 균형과 중심을 잡을 수 있는 힘으로 꼬리 날개를 다는 거예요.

헬리콥터는 정말 과학적으로 만든 것이네요.

8

사람이 날지 못하는 이유

사람도 새처럼 날 수는 없을까요?
사람은 왜 날지 못하는지 이유를 알아봅시다.

사람이
날지 못하는 이유

레오나르도 다 빈치가 새를 동경했던
사람들에 대한 이야기로
여덟 번째 수업을 시작했다.

완벽한 비행에 대한 동경

사람은 새의 나는 모습을 보면서, 새처럼 훨훨 날고 싶은
꿈을 키웠습니다. 그리고 마침내 비행기를 만들어서 그 오
랜 꿈을 이루었지요.

어디 이뿐인가요? 비행기를 타고 새보다 더 빠르고 더 높
이 하늘을 누비며 날 수 있게 되었습니다.

굴러온 돌멩이가 박힌 돌멩이를 빼내는 격이에요. 제 힘으
로는 채 10여 초도 공중에 떠 있지 못하는 인간이 나는 기계

인 비행기를 만들어서 새를 완벽하게 압도한 셈이니까요.

하지만 인간이 만든 비행기가 모든 면에서 새의 비행 능력을 완벽하게 앞지른 건 아니랍니다. 비행기가 새보다 더 높이 날아오르고 더 빨리 내달릴 수는 있지만, 결코 새와 같은 완벽하고 자연스런 비행을 하지는 못하고 있습니다.

비행기가 날아오르고, 착륙하고, 날갯짓하고, 하늘을 나는 동작 어디에도 새와 같은 유연한 몸동작을 찾아보기가 어렵지요. 한 대의 가격이 수천 억, 수조 원이 나가는 최첨단 비행기를 보아도 마찬가지입니다.

사람도 새가 나는 것처럼 비행할 수는 없을까요?

이러한 바람을 이루고자 하면, 무엇보다 새의 비행을 철저히 연구해야 할 겁니다. 우선은 상대를 알아야 하니까요.

새가 나는 요인

새는 어떻게 나는 것일까요?

새들은 땅이나 나무에 내려앉아 있는 동안에는 하나같이 날개를 접습니다. 그러나 날아오를 때는 옆구리에 바짝 붙였던 날개를 활짝 펴지요. 펼친 날개는 새의 몸통을 충분히 감싸고도 남을 만큼 넓습니다. 이 넓은 날개를 휘젓고 양력을 얻어서 새는 하늘로 날아오르는 것이지요.

몸집이 큰 새는 몸무게도 엄청 나간답니다. 무거운 몸뚱이를 띄워서 하늘로 날아오르려면 날개 또한 엄청나게 커야 할 테니까요.

새 가운데 몸집이 상당히 큰 축에 속하는 독수리를 한번 보세요. 날개의 크기가 실로 엄청나답니다. 독수리가 날개를 활짝 펼치면, 그 안에 어른 서너 명은 족히 들어가고도 남을 만한 공간이 생기지요.

이렇듯 날개의 크기는 일반적으로 새의 몸집에 비례합니다. 다시 말해서, 몸집이 크고 무거운 새일수록 날개 또한 그에 비례해서 커지지요.

새의 날개 모양은 날기에 적합하게 되어 있습니다. 앞쪽은 두툼히 솟아 있고, 뒤쪽은 얇고 밋밋하지요. 한마디로, 비행기 날개와 비슷한 모양을 하고 있는 셈이지요.

새의 날개를 지나는 공기는, 베르누이의 정리에 따라서 위아래 압력 차가 생기면서 양력을 만들어 냅니다. 비행기 날개에서 나타나는 현상이 새의 날개에서도 그대로 나타나는 것이지요.

그러니까 새의 날개가 비행기 날개처럼 위쪽은 두툼하고 아래쪽은 밋밋한 게 이상할 것이 없지요. 그런데 이건 솔직히 거꾸로 말해야 할 거예요.

실은 새가 비행기의 날개를 본뜬 것이 아니라, 비행기가 새의 날개를 본뜬 거라고 말이지요. 비행기를 발명하기 오래전부터 새는 이미 하늘을 멋지게 날아다니고 있었으니까요.

하지만 멋지고 큰 날개만 있다고 해서 새가 공중으로 떠오를 수 있는 건 아니랍니다. 날아오르기 위해서는 강력한 힘이 필요하지요. 비행기는 그와 같은 강력한 힘을 엔진이 대신해 주지요. 그럼 새는 그런 힘을 어디에서 얻을까요?

그것은 튼튼한 날갯죽지입니다. 거기에다 수많은 근육으로 이루어진 가슴과 크고 굵은 가슴뼈는 새가 날개를 휘젓는 데 아주 큰 힘이 되어 줍니다. 더불어 두꺼운 힘줄과 강력한 인대와 질긴 피부로 그 부분이 이어져 있다는 것도 새가 날개를 휘젓는 데 큰 힘이 되어 주고 있답니다.

새의 날갯죽지 힘이 강하다는 건 굳이 해부를 해서 직접 살펴보지 않아도 쉽게 가늠할 수 있습니다. 많은 새들이 자기 몸무게에 버금가는 먹잇감을 발톱으로 낚아채고는 가볍게 날아오르지요.

토끼나 닭, 오리를 낚아채서 날아가는 매가 좋은 예입니다. 토끼나 닭, 오리는 매와 비교해서 결코 가볍지 않습니다. 그런데도 매는 자신과 어슷비슷한 무게의 동물을 휙 낚아채서 훨훨 날아오릅니다.

사람을 생각해 보세요. 자신의 몸무게만큼 나가는 동물을 번쩍 들어 올리는 사람이 몇이나 되겠어요? 결코 흔치 않을 겁니다. 하물며 그만한 동물을 들고서 하늘로 날아올라야만

한다고 상상해 보세요. 날아오르기는커녕 고꾸라지거나 십중팔구 팔이 빠지게 될 것입니다.

사람은 왜 날지 못하는 걸까?

누군가가 사람이 날지 못하는 이유를 설명해 보라고 한다면, 여러분은 어떻게 대답하겠어요?

＿ 날개가 없어서요.

맞아요. 그것이 가장 쉬운 대답이면서도, 정답에 가까운 대답이지요. 그래서 사람들은 날개를 달고 수없는 비행 시도를 해 보았잖아요. 날개만 달면 무난히 날아오를 것이라고 판단했던 거지요.

그러나 실제로 그랬나요? 날개를 달아 보아도 날기는 결코 쉽지 않았지요. 아니, 날개만 있다고 해서 날 수 있는 건 아니었답니다.

실제로 이와 유사한 문제를 예전에 독일의 유명한 물리학자인 헬름홀츠(Hermann Helmholtz, 1821~1894)가 냈었다고 합니다. 이 문제를 받아든 학생들이 어떠한 답을 써 내었는지는 잘 모르겠습니다. 물론 다양한 의견들이 나왔겠지요.

그러나 전하는 말에 의하면, 제대로 된 정답을 쓴 사람은 많지 않았다는 후문이 있어요. 이 문제의 답은 사람과 새를 비교해 보면 쉽게 찾을 수가 있어요.

자, 그럼 그 답을 찾으러 사고 실험을 떠나 봅시다.

새는 날개가 있어요.

그러나 사람은 날개가 없어요.

그래서 날개만 있으면, 사람도 날 수 있지 않을까요?

양팔에 날개를 달았어요.

어른 서너 명을 족히 감싸고도 남을 커다란 날개를 말이에요.

새가 날 듯이 우아하게 팔을 저었어요.

그러나 뜨지 않네요.

날아오르기는커녕 발바닥조차 떨어지질
않아요.

날개를 잘못 저어서 그런가 싶어

다시 한 번 날개를 저어 보았어요.

그러나 떠오르지 않기는 마찬가지예요.

양력이 생기지 않는 거예요.

이유가 뭘까요?

새는 날개를 저으면 가볍게 날아오르는데,

왜 사람은 떠오르지 못하는 걸까요?

안 되겠어요.

이럴 때는 새가 나는 모습을 관찰하는 것이

그 원인을 찾는 가장 좋은 방법일 거예요.

새가 있는 곳으로 갔어요.

새의 동작 하나하나를 유심히 살폈어요.

아, 그래 저거였어!

두 눈이 번쩍했어요.

날개를 슬슬 저어서는 안 되는 거였어요.

새들은 날개를 힘차게 젓고 있는 거였어요.

원래부터 날개가 붙어 있는 새들도 날기 위해서

저렇게 힘차게 날개를 젓는데

하물며 원래부터 날개가 없는 사람은

그보다 더 힘차게 날개를 저어야 할 거예요.

양팔에 잔뜩 힘을 주었어요.

그러고는 팔을 들었다 내렸다를 세게 반복했어요.

그러나 얼마 못 가서 멈추고 말았어요.

팔이 아파서 더는 계속할 수가 없기 때문이에요.

어쩔 수 없이 날갯짓을 포기하고 말았어요.

그래요. 새가 힘차게 날갯짓하는 것을 보면, 날개를 젓는 일이 그리 어려운 일이 아닌 듯 보여요. 하지만 절대 그렇지가 않아요.

새는 잘 발달한 날갯죽지의 튼튼한 근육 덕택에 힘찬 날갯짓을 연거푸 할 수 있지만, 사람은 그렇지 못하답니다. 그래서 사람은 몇 번의 날갯짓에도 힘겨워하는 것이랍니다.

이제 사람이 새처럼 날 수 없는 이유가 밝혀졌습니다. 활짝

펼칠 수 있는 날개가 없어서이기도 하지만, 그보다 더 근본적이고 결정적인 원인은 죽지(팔과 어깨가 이어진 부분)의 힘이 새와 비교할 수 없을 정도로 약하다는 것이지요.

만약 강력한 죽지 근육과 새와 같은 날개를 가진 인조 인간이 나타나면, 그는 분명히 어렵지 않게 하늘을 날 수 있을 겁니다.

뭐하고 있는 거죠?

날아라!
날아!

저도 새처럼 날아
보고 싶어요.

그런 작은 날개
로는 어려워요. 새들
은 자신의 몸에 비해
모두 커다란 날개를
가지고 있잖아요.

이 정도면 될까요?
다시 한 번 날아봐
야지.

글쎄요. 날개가 크다고 해서
과연 날 수 있을까요?

헉, 헉, 제발
날아라.

그런 날갯짓으로는 몸을 띄울 수
있을 만큼의 양력이 생기지 않아
요. 새들은 훨씬 더 힘차게 날개
를 젓는답니다.

근데, 선생님 팔이 아파서
더는 힘차게 저을 수가
없어요.

그건 당연해요. 새는 잘 발달
한 날갯죽지의 튼튼한 근육 덕
분에 힘찬 날갯짓을 연거푸 할
수 있지만 사람은 그렇지가 못
하니까요.

그럼 사람은 새처
럼 날 수가 없는
거예요?

그래요. 하지만 사람은 높은 지
능을 이용해 새들은 갈 수 없는
우주까지 갈 수가 있잖아요.

새의 날개와 양력

왜 새는 날갯짓하며 떠오르는 걸까요?
글라이더가 산중턱에서 비행을 하는 이유를 알아봅시다.

9

아홉 번째 수업
새의 날개와 양력

레오나르도 다 빈치의
아홉 번째 수업은
새의 날개와 양력에 관한 내용이었다.

새의 날갯짓

　새의 비행과 날갯짓은 떼려야 뗄 수 없는 사이입니다. 힘차게 날갯짓하지 못하면 멋진 비행을 할 수가 없기 때문이지요.
　닭을 보세요. 양 옆구리에 날개는 버젓이 달고 있지만, 힘찬 날갯짓을 하지 못하니까 훨훨 날지 못하잖아요. 기껏해야 낮은 지붕에 올라가거나 담벼락을 겨우 넘을 수 있을 정도입니다.
　새의 날갯짓은 둘로 나누어서 생각해 볼 수가 있습니다. 새

가 날개를 아래로 내려치는 아래 날갯짓과 위로 쳐올리는 위 날갯짓입니다.

그런데 자세히 살펴보면, 위 날갯짓보다 아래 날갯짓이 힘차고 빠르다는 걸 알 수 있습니다. 사실 위 날갯짓은 힘껏 젓는다기보다 아래 날갯짓에 대한 자연스러운 튕김이라고 보는 편이 맞습니다.

여기서 궁금증이 생깁니다. 왜 새는 날갯짓을 하면 떠오르는 걸까요? 왜 아래 날갯짓은 위 날갯짓보다 힘찬 걸까요?

이 이유를 사고 실험으로 알아봅시다.

새가 날개를 활짝 펼치고 힘차게 아래 날갯짓을 하네요.

날갯짓을 하자 가만히 있던 주변 공기가 깜짝 놀라듯이 춤을 추어요.

아래 날갯짓으로 공기는 아래쪽으로 힘을 받아요.

아래쪽으로 힘을 받은 공기는 반작용으로 그에 상응하는 힘을 날개에 주어야 해요.

　아래쪽으로 힘을 받은 공기가 그에 상응하는 힘을 주는 것은 작용과 반작용의 원리 때문입니다. 주먹으로 벽을 꽝 치면 손이 아프지요? 손이 벽을 때린 것이 작용이라면, 그에 상응하는 벽의 반작용의 힘을 받아서 손이 아픈 것이랍니다.

　사고 실험을 계속해요.

상응하는 힘은 작용과는 반대로 생겨야 해요.

작용은 아래 날갯짓이에요.

그러니 반발하는 힘은 위로 생겨야 해요.

위로 생기는 힘은 새가 상승하는 데 도움을 주어요.

그러니 새가 자꾸 날갯짓을 하면 어떻게 되겠어요?

새는 상승하는 힘을 계속해서 얻을 거예요.

양력을 얻는 것이지요.

그래서 새는 아래 날갯짓을 연이어서 힘차게 해요.

그러면 그럴수록 반발하는 힘이 이어져요.

새는 한층 날아오르기가 쉬워져요.

이것이 새가 하늘로 떠오르려고 할 때 자꾸 날갯짓을 하고, 위 날갯짓보다 아래 날갯짓을 더욱 힘차게 하는 이유랍니다.

새의 비행에 숨은 원리

새가 일단 하늘로 떠오르면, 날갯짓을 하는 횟수가 현저하게 줄어듭니다. 그 이유는 일단 상승하고 나면 관성을 이용할 수가 있기 때문입니다.

관성이란 지금 하고 있는 운동 상태를 바꾸지 않고 계속 유

지하려는 성질입니다. 움직이고 있으면 계속 움직이고 싶고, 멈추어 있으면 그대로 멈추어 있고 싶어 하는 성질이지요. 관성을 설명할 때 빈번히 예로 드는 것이 버스와 승객입니다.

버스가 달리다가 갑자기 정지하는 경우가 있는데, 이때 승객은 앞쪽으로 쏠리게 됩니다. 승객은 정지하기 직전까지 달리는 상태에 익숙해져 있지요. 그래서 버스가 갑자기 정지하더라도 움직이는 상태를 계속 유지하고 싶어서 앞쪽으로 쏠리는 힘을 받는 것입니다.

반면, 정지해 있던 버스가 갑자기 달리면 승객은 뒤로 쏠리게 됩니다. 움직이기 직전까지 정지해 있는 상태에 익숙해 버스가 갑자기 출발하더라도 멈춘 상태를 그대로 유지하고 싶어서 뒤쪽으로 쏠리는 힘을 받는 것이랍니다.

새가 날면 공중에서 움직이게 되므로, 움직이는 관성이 붙게 됩니다. 그러니 관성의 원리에 따라서 새는 계속 앞으로 나아가게 되지요. 그러니 굳이 힘을 들여 가면서 날갯짓을 힘차게 계속 할 필요가 없을 거예요. 하지만 관성이 끝없이 이어질 수는 없어요. 그래서 중간중간 날갯짓을 해서 계속 떠 있도록 하는 것이랍니다.

새는 날면서 공기와의 마찰로 힘을 잃습니다. 그래서 공기와의 마찰을 줄이기 위해서 하늘을 나는 동안 양다리를 몸통 쪽으로 붙인답니다. 이륙하는 비행기가 바퀴를 몸체 속으로 쏙 집어넣듯이 말이에요.

새는 바람을 적절히 이용합니다. 연이 바람의 도움을 받아서 훨훨 날아오르는 것처럼, 상공에서 부는 바람은 새의 비행에 적잖은 도움을 주지요.

새가 바람을 이용한다는 건 고층 빌딩이나 아파트 옥상, 절벽이나 산등성이에서 즐겨 날아오른다는 것에서 쉽게 알 수

있습니다. 이때는 땅에서 날아오를 때보다 적은 날갯짓으로 비행을 하게 되지요. 글라이더가 산중턱에서 비행을 하는 경우도 같은 이유 때문이지요.

지구에 있는 모든 물체는 예외 없이 지구가 잡아당기는 힘인 중력을 받습니다. 새도 마찬가지입니다. 그래서 공중에 가만히 있게 되면, 밑으로 자꾸 내려가게 되지요. 새가 비행을 하는 사이사이 날개를 힘껏 젓는 또 하나의 이유랍니다.

대부분의 새는 가만히 서 있는 상태에서 날아오르지 않습니다. 달음박질하듯, 두 다리로 힘껏 내달리면서 날갯짓을 하지요. 멈추어 있는 것보다 달려서 속도를 내면 양력을 얻기가 한결 쉽고 더 빨리 날아오를 수 있기 때문이랍니다. 비행기가 힘껏 내달리면서 이륙하는 것처럼 말이에요.

과학자의 비밀노트

양력

유체 속을 운동하는 물체에 운동 방향과 수직 방향으로 작용하는 힘이다. 압력이 높은 곳에서 낮은 쪽으로 생긴다. 유체에 닿은 물체를 밀어내려는 힘에 대한 반작용이다. 비행기나 새는 이 힘을 이용하여 몸체를 하늘에 띄운다. 양력의 크기는 일반적으로 받음각, 물체의 면적, 흐름의 속도, 유체의 밀도에 따라 정해지며, 특히 흐름의 속도 제곱에 비례하는 특징이 있다. 그리고 받음각이 크면 물체 주위에 소용돌이가 생기며 양력이 갑자기 없어지게 된다. 이러한 현상은 실속(스톨)이라 한다.

새의 날개

새의 날아오름을 얘기하면서 날개를 빼놓을 수는 없지요. 새의 날개를 빼놓는다는 것은 팥소 없는 찐빵이나 마찬가지이지요.

새가 날아오르고, 공중에 오래 떠 있기 위해서는 가벼울수록 좋겠지요. 새의 깃털을 보세요. 살랑살랑 가볍기가 이루 말할 수가 없어요.

그리고 비행기의 날개와 마찬가지로, 새의 날개도 공기의 양력을 받아서 떠오릅니다. 양력을 많이 받으려면, 날개 면

적이 넓으면 넓을수록 유리하지요. 새의 깃털은 활짝 펼쳐지기 쉬운 구조로 되어 있어서 날개 면적을 넓게 해 주지요.

　새의 깃털은 위 깃털이 아래 깃털을 완전히 감싸고 있는 구조가 아닙니다. 위 깃털이 아래 깃털의 옆을 비키어 포개듯이 붙어 있지요. 이러한 모양은 날개에 부딪히는 공기의 흐름을 원활하게 해 주어서 날개가 받는 양력을 최대로 끌어올려 줍니다. 그에 대한 좀 더 상세한 사항을 사고 실험으로 알아볼까요.

새가 아래 날갯짓을 하고 있어요.

날개 아래쪽 공기가 깃털로 다가오네요.

공기가 깃털을 때리고 있어요.

그러면 그럴수록 깃털이 더욱 밀착해요.

그런데도 깃털 사이로 틈이 생기지 않아요.

틈이 생기지 않아 공기가 빠져나갈 수가 없어요.

그러니 날개로 모인 공기는 오롯이 날개를 들어 올리는 데

기여해 주는군요.

양력을 얻는 데 상당히 큰 기여를 해 주고 있는 거예요.

날아오르기가 한결 수월해질 수밖에 없어요.

반면 새가 위 날갯짓을 하는 경우는 어떨까요?

이번에도 사고 실험으로 그 결과를 예측해 보도록 해요.

새가 위 날갯짓을 하고 있어요.

날개 위쪽의 공기가 깃털로 다가오네요.

공기가 깃털을 때리고 있어요.

그런데 이번은 앞과는 사정이 달라요.

아래 날갯짓에서는 날개 밑에 모인 공기가 빠져나갈 수가 없었어요.

깃털이 틈을 허락하지 않았기 때문이에요.

그러나 이번은 틈이 생기고 있어요.

깃털 위로 다가온 공기가 깃털을 때리면 때릴수록

깃털은 더욱 벌어져요.

생긴 틈으로 공기가 빠져나가고 있어요.

날개 위쪽 공기는 새가 날아오르는 데 그다지 도움이 안 되어요.

양력을 얻게 해 주는 힘이 아니니까 방해가 될 뿐이지요.

앉아 있는 사람의 어깨를 누르면 일어서기 어려운 것과 같은 이치예요.

위쪽 공기가 줄어드니 날아오르기는 한결 쉬워져요.

이처럼 새는 날개 자체부터 날아오르는 데 적합하도록 되어 있답니다.

하늘에 새들을 가만히 보면 날아오르려고 할 때보다 날아오른 후에 날갯짓 횟수가 현저하게 줄어드는 것 같아요.

병만 군은 눈썰미가 좋군요.

그 이유는 일단 상승하고 나면 관성을 이용할 수가 있기 때문이에요.

어이쿠!

관성이요?

방금 버스가 갑자기 정지하자 몸이 앞쪽으로 쏠렸지요? 그건 우리 몸이 움직이는 상태를 계속 유지하고 싶은 관성 때문에 앞쪽으로 쏠리는 힘을 받는 거지요.

새도 공중에서 움직일 때 관성이 붙지요. 그러니 관성의 원리에 따라서, 새는 계속 앞으로 나아가게 되고 굳이 힘을 들여가면서 날갯짓을 힘차게 계속 할 필요가 없는 거지요.

또 하나, 날개가 양력을 많이 받을 수 있도록 깃털은 활짝 펼쳐지기 쉬운 구조로 되어 있어서 날개 면적을 넓게 해 주지요.

새가 아래 날갯짓을 할 때는 깃털 사이로 틈이 생기지 않아 공기가 모여 날개를 쉽게 들어 올리지요. 또 위 날갯짓을 할 때는 날개 위쪽의 불필요한 공기가 벌어진 틈으로 빠져나가도록 되어 있지요.

정말 새는 과학 덩어리네요!

철새의 지혜

철새들이 앞 철새의 날개 끝을 따라서 V자 형태로
줄지어 나는 것은 어떤 이유에서일까요?
공기를 다방면으로 이용하는 철새들의 지혜를 알아봅시다.

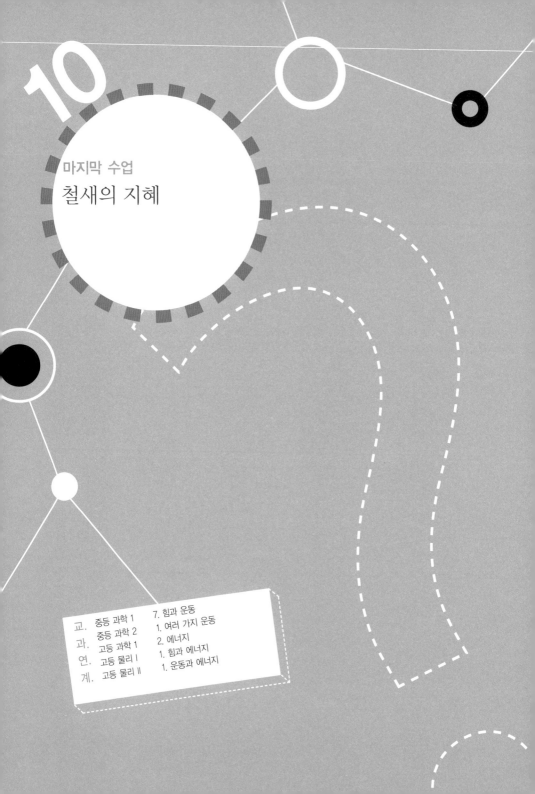

10

마지막 수업
철새의 지혜

레오나르도 다 빈치가 아쉬워하는
표정으로 하늘을 쳐다보다가
마지막 수업을 시작했다.

철새의 지혜 1

새가 날아오르는 것을 살펴보았으니, 이제는 새들이 무리
지어 나는 것을 알아봅시다. 새가 무리 지어 나는 모양은 철
새에서 절정을 이루지요.

철새가 날아가는 모습을 보면 제멋대로 나는 것이 아니란
걸 알 수 있습니다. 한 마리가 앞장을 서고, 그 뒤로 무리가
부챗살이 펼쳐진 모양으로 연이어서 따라가지요. 이런 모양
을 V(브이) 자와 비슷하다고 해서, 브이형 편대 비행이라고

하지요. 철새가 이러한 형태로 나는 데는 나름의 분명한 이유
가 있습니다.

그 이유를 우리 다 같이 사고 실험으로 알아보아요.

철새는 먼 거리를 날아가야 해요.

그러려면 최대한 에너지를 아껴야 해요.

그래야 목적지에 제대로 도착할 수가 있어요.

그러면 어떤 식으로 날아야 에너지 소모를 최소로 할 수 있을까요?

여기서 자전거 타는 경우를 생각해 보아요.

두 사람이 자전거를 타고 있어요.

두 사람은 나란히 가고 있어요.

그들의 얼굴과 몸에 공기가 와 닿아요.

두 사람이 느끼는 공기의 세기는 비슷해요.

이번에는 상황이 바뀌었어요.

한 사람이 다른 사람의 뒤꽁무니를 따라가고 있는 거예요.

앞사람은 조금 전 나란히 자전거를 탔을 때와 엇비슷한 세기로 공

기를 맞고 있어요.

그러나 뒷사람은 달라요.

얼굴과 몸에 부딪히는 공기가 현저히 줄어듭니다.

왜냐하면 앞사람이 공기를 막아 주는 방패 역할을 해 주고 있기 때

문이에요.

앞사람 때문에 마찰이 줄어드니 뒷사람은 당연히 에너지를 적게 쓰

지요.

그래서 앞사람은 마찰을 이기고 나아가기 위해서 힘껏 페달을 밟아야 하는 반면, 뒷사람은 다소 천천히 페달을 밟아도 되지요.

이 원리를 철새에 적용해 볼까요?

철새 한 마리가 앞에 서고 그다음에 연이어서 나머지 철새들이 줄을 서서 따라가면 에너지 소모를 상당히 줄일 수가 있을 거예요. 앞에 선 철새가 방패막이가 되어 준 셈이니까요.

그래요, 맨 앞에 선 철새는 공기를 막아 주는 역할을 하는 셈이지요. 그래서 뒤에 쫓아가는 철새는 공기와의 마찰로 잃는 에너지를 크게 덜 수가 있는 거예요. 그러니 먼 거리를 날아가는 데 상당한 도움을 받는 것이지요.

철새의 지혜 2

그런데 여기서 이상한 점을 발견하지 못했나요? 발견했다고요? 지금까지 사고 실험을 한 보람을 마지막 수업에서 얻는 것 같아서 기쁘군요.

앞에서 사고 실험한 결론대로라면, 철새가 일직선으로 이어서 날아가는 편이 한결 좋을 것입니다. 그러면 공기와의

마찰에 의한 저항을 모든 철새가 적게 받을 테니까요.

그런데 철새는 이런 식으로 날지 않고 V형 편대를 이루며 날아가잖아요.

대체 뭐가 잘못되었을까요?

잘못된 것은 없습니다. 철새가 V형 편대를 지으며 나는 것은 날갯짓 때문입니다.

자, 우리 사고 실험을 할까요?

이것이 제가 들려주는 양력 이야기의 마지막 사고 실험이에요. 그러니 남은 생각까지 탈탈 털어서 활활 피어오르는 불같은 사고 실험으로 끝을 맺어 보아요.

새는 일단 공중으로 떠오르면 날갯짓이 줄어들어요.

그러나 날갯짓을 한 번도 안 할 수는 없어요.

날갯짓을 하지 않으면 지구의 중력 때문에 땅으로 곤두박질하듯 떨어질 테니까요.

그래서 가끔씩이라도 날갯짓을 해 주어야 해요.

날갯짓을 하면 에너지를 잃어요.

날갯짓을 많이 하면 에너지를 많이 잃을 테고

날갯짓을 적게 하면 에너지를 적게 잃을 거예요.

걸을 때 팔을 씩씩하게 연이어서 자주자주 내뻗으면 에너지가 많이 들고, 팔을 가끔 슬쩍 들어올리면 에너지가 적게 드는 것처럼 말이에요.

그러니 가장 이상적인 것은 날갯짓을 적게 하거나 아예 하지 않을 수 있으면 금상첨화일 거예요.

에너지를 저축하는 셈이니, 장거리를 나는 데 그보다 더 좋은 도움이 어디 있겠어요.

그러나 날갯짓을 안 할 수는 없는 일이니 그 작은 횟수의 날갯짓에서도 이익을 보면 그나마 그래도 괜찮을 거예요.

그래요, 이게 최상의 선택이지요. 철새도 이러한 이치를 깨닫고 그들의 장거리 비행에 이용하고 있는 것이에요.

철새가 날갯짓을 하면, 날개 끝으로 소용돌이 바람이 생겨요. 물살이 휘휘 감기듯이, 공기 바람이 소용돌이치듯 감기어서 도는 거예요.

그런데 이 소용돌이 바람이 아주 신기한 마술 같은 작용을 해 주어요. 날개 바깥쪽에 있는 공기를 위로 끌어올려 주는 것이에요. 공기가 올라가니, 그 공기에 올라타면 어떻게 되겠어요?

그렇지요, 떠오르는 힘을 유지할 수가 있을 거예요. 뒤따라가는 철새가 공중에서 머무는 데 한결 수월해지는 거예요. 그냥 날아가면 여러 번 날갯짓을 해야 할 텐데, 앞의 철새가 날갯짓해서 자연스럽게 생긴 공기의 소용돌이를 이용하면, 뒤따라가는 철새는 한두 번 날갯짓하는 것으로도 충분할 테니까요.

이러한 공기의 소용돌이를 최상으로 얻을 수 있는 형태가

V자형으로 무리 지어서 날아가는 것이에요. 철새들이 앞 철새의 날개 끝을 따라서 V자로 줄지어 나는 데에는, 이러한 과학적인 근거가 숨어 있는 것이에요.

공기를 다방면으로 최대한 이용하는 새들의 지혜가 감탄스러울 정도이지요.

이렇게 선생님을 따라가면 앞에서 공기를 막아 주기 때문에 내 몸에 부딪히는 공기가 현저히 줄어들지. 그러면 나는 에너지를 적게 들여도 된다고, 크크크.

선생님, 철새 무리는 왜 V자와 비슷한 모양으로 날아가는 것이죠?

그것을 V형 편대 비행이라고 하지요.

철새는 먼 거리를 날아가야 하기 때문에 최대한 에너지를 아껴야 해요. 지금 병만이가 선생님 뒤에서 공기 저항을 줄여 에너지 소모를 줄이는 것처럼 말이에요.

제가 뒤에 가는 이유를 알고 계셨군요? 헤헤.

철새가 일직선으로 이어서 날아가는 편이 공기 저항을 한결 적게 받을 것 같은데, 왜 V자 모양이죠?

새는 일단 공중으로 떠오르면 날갯짓 횟수가 줄어들어요. 그래서 작은 횟수의 날갯짓에서도 큰 이익을 볼 수 있어야 해요.

날갯짓을 하면 날개 끝으로 바람이 생겨 공기를 위로 끌어올려 주고, 그 공기에 올라타면 떠오르는 힘을 유지할 수 있지요. 그럼 뒤따라가는 철새가 공중에서 머무는 데 한결 수월해지지요.

뒤에 있으면 더 쉽게 날 수 있지.

이러한 공기의 소용돌이를 최상으로 얻을 수 있는 것이 V자형으로 무리 지어서 날아가는 것이에요.

철새들도 저처럼 머리가 똑똑하네요.

르네상스를 대표하는 과학자
레오나르도 다 빈치 Leonardo da Vinci,1452~1519

　레오나르도 다 빈치는 르네상스
시대를 풍미한 천재 과학자로, 이
탈리아 빈치에서 유명한 가문의 공
증인과 가난한 농부의 딸 사이에서
사생아로 태어났습니다. 레오나르
도 다 빈치라는 이름은 '빈치 마을
에서 태어난 레오나르도'라는 뜻이랍니다.

　레오나르도 다 빈치는 1466년 무렵 피렌체로 이주하여 당
시 유명한 화가인 베로키오(Andrea del Verrocchio, 1435~1488)
의 견습생으로 들어가서 예술을 공부했습니다. 1481년에 밀
라노의 스포르차 귀족 가문의 화가로 초빙되어 약 12년 동안
활동하였는데, 이때 〈암굴의 성모〉와 〈최후의 만찬〉 등을 완
성했습니다.

1505년부터는 젊은 시절부터 꿈꾸어 온 하늘을 나는 것에 대해 심도 있게 생각했고, 그것을 노트에 상세히 기록했습니다. 레오나르도 다 빈치의 노트는 시대를 앞서 나간 천재성이 고스란히 들어 있는 의미 있는 자료입니다.

1517년 프랑스의 황제 프랑수아 1세의 권유로 프랑스 앙부아즈에서 생활하다, 1519년 5월 2일 그곳에서 사망했습니다. 그의 제자 멜지가 유산을 상속하였는데, 1570년 멜지가 죽으면서 레오나르도 다 빈치가 남긴 엄청난 양의 크로키와 그림이 세상에 나왔습니다.

레오나르도 다 빈치는 위대한 화가일 뿐만 아니라 물리학, 생물학, 의학, 건축학, 기계학 등에서 끝없는 아이디어를 펼쳐 보인 르네상스를 대표하는 불세출의 예술가이자 과학자이며 기술자입니다.

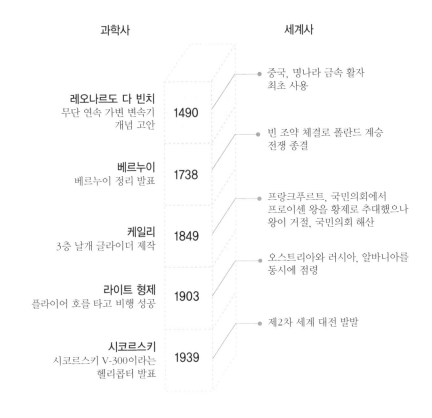

과 학 연 대 표
언제, 무슨 일이?

과학사		세계사

중국, 명나라 금속 활자
최초 사용

레오나르도 다 빈치
무단 연속 가변 변속기
개념 고안

1490

빈 조약 체결로 폴란드 계승
전쟁 종결

베르누이
베르누이 정리 발표

1738

프랑크푸르트, 국민의회에서
프로이센 왕을 황제로 추대했으나
왕이 거절, 국민의회 해산

케일리
3층 날개 글라이더 제작

1849

오스트리아와 러시아, 알바니아를
동시에 점령

라이트 형제
플라이어 호를 타고 비행 성공

1903

제2차 세계 대전 발발

시코르스키
시코르스키 V-300이라는
헬리콥터 발표

1939

1. 공기가 날개를 들어 올려주는 힘은 ☐☐ 입니다.
2. ☐☐ 는 공기보다 빠른 속도(초음속)를 표시하는 단위입니다.
3. 유체의 빠르기와 압력은 ☐☐☐ 관계입니다.
4. 물과 같은 액체나, 공기와 같은 기체를 통틀어서 ☐☐ 라고 합니다.
5. 유체의 속력이 증가하면, 압력은 ☐☐ 합니다.
6. ☐☐☐☐ ☐☐ 법칙은 외부에서 힘이 작용하지 않는 한 회전하는
   물체의 전체 각운동량은 항상 같아야 한다는 법칙입니다.
7. 아래쪽 힘을 받은 공기가 그에 상응하는 힘을 날개에 주는 것은 ☐☐
   과 ☐☐☐ 의 원리 때문입니다.
8. 새는 날면서 공기와의 ☐☐ 로 힘을 잃습니다.

1. 양력 2. 마하 3. 반비례 4. 유체 5. 감소 6. 각운동량 보존 7. 작용, 반작용 8. 마찰

요즘의 여객기는 마하 0.85 정도의 속도로 비행합니다. 마하 1은 소리의 속도(음속)로 초속 340m 정도입니다.

마하 0.85 정도의 속도로 날면, 서울에서 미국 로스앤젤레스까지 10시간 남짓 걸립니다. 그러나 속도를 3배가량 높여 마하 2.5(음속의 2.5배) 남짓한 속도로 비행하면, 비행 시간이 3시간 30분 정도로 줄어듭니다. 이 정도의 시간이라면 서울과 로스앤젤레스가 하루 생활권이 될 수 있습니다.

마하 2~3, 더 나아가 마하 5~6 정도의 초음속으로 비행하는 여객기를 SST(Super Sonic Transfort)라고 합니다. 그동안 초음속 여객기가 없었던 것은 아닙니다. 영국과 프랑스가 공동으로 개발한 콩코드는 마하 2 정도로 달리는 초음속 여객기로 20세기 후반에 승객을 실어 날랐습니다. 그러나 연료가 너무 많이 들고 소음 공해가 심하며, 오존층을 파괴하는 부

작용 때문에 지금은 운행하지 않습니다.

미국 항공 우주국(NASA)과 보잉사에서는 이러한 단점을 보완한, 경제적이고 공해가 적은 초음속 여객기를 개발하고 있습니다. NASA에서 추진 중인 차세대 초음속 여객기는 저공해성 고속 민간용 수송기로 HSCT(High Speed Civil Transfort)라고 합니다.

나사의 초음속 여객기는 좌석 수 250~300, 순항 속도 마하 2.4~3.0, 항속 거리 9,000~10만 km, 최대 이륙 중량 450여 t의 규모로 알려져 있습니다. 그리고 보잉사에서 연구하는 초음속 여객기의 성능도 이와 비슷한 것으로 알려져 있습니다. 콩코드는 100여 명의 승객을 태우고 마하 2의 속도로 6,500여 km를 날았습니다.

NASA에서는 초음속 여객기의 성능을 뛰어넘는 극초음속 여객기 HST(Hyper Sonic Transfort)도 연구하고 있습니다. 극초음속 여객기는 수소 엔진을 장착하고, 순항 속도 마하 12~25로 공기 저항이 극히 낮은 고도 30~100km 상공을 비행할 예정입니다. 이러한 성능이라면 서울에서 뉴욕까지 1시간 남짓이면 갈 수 있습니다. 초음속 여객기와 극초음속비행기가 등장하는 시대가 하루 빨리 오길 기대합니다.

찾아보기

어디에 어떤 내용이?